电力拖动线路控制与技能训练

主　编　赵金英　于龙涛　苑永芹

黑龍江大學出版社
HEILONGJIANG UNIVERSITY PRESS

图书在版编目（CIP）数据

电力拖动线路控制与技能训练 / 赵金英，于龙涛，苑永芹主编. -- 哈尔滨 : 黑龙江大学出版社，2024.9
ISBN 978-7-5686-1067-4

Ⅰ. ①电… Ⅱ. ①赵… ②于… ③苑… Ⅲ. ①电力传动－自动控制系统－教材 Ⅳ. ①TM921.5

中国国家版本馆 CIP 数据核字（2023）第 254195 号

电力拖动线路控制与技能训练
DIANLI TUODONG XIANLU KONGZHI YU JINENG XUNLIAN

主　编　赵金英　于龙涛　苑永芹
副主编　高少伟　马晓杰　张艳丽　兰茗晖　路少伟
主　审　步春红

责任编辑　高　媛
出版发行　黑龙江大学出版社
地　　址　哈尔滨市南岗区学府三道街 36 号
印　　刷　华雅逸彩（北京）文化有限公司
开　　本　787 毫米 ×1092 毫米　1/16
印　　张　11.5
字　　数　282 千
版　　次　2024 年 9 月第 1 版
印　　次　2024 年 9 月第 1 次印刷
书　　号　ISBN 978-7-5686-1067-4
定　　价　47.00 元

前言

党的二十大报告提出，“我们要坚持教育优先发展、科技自立自强、人才引领驱动，加快建设教育强国、科技强国、人才强国”。近年来，我国的机电行业发展迅速，大量的生产企业已经向高速化、智能化、自动化方向发展，给传统制造业的生产方式带来了深刻影响，也给机电技术专业的人才培养带来了新的挑战。为了适应现代信息科学技术迅猛发展的需要和满足学生职教高考需求，根据《国务院关于大力推进职业教育改革与发展的决定》，教师积极推进课程、教材改革，全面提升教学质量。在充分调研企业生产、学校教学情况，广泛听取教师使用反馈意见的基础上，吸收、借鉴各地教学改革的成功经验，笔者开发和编写了反映新知识、新技术、新工艺、新教法，并具有职业教育特色的课程、教材。

本教材编写工作的重点主要体现在以下几个方面：

更新教材内容

◆根据企业岗位需求变化和教学实践，确定学生应具备的知识与能力结构，调整部分教材内容，增补开发教材，使教材的深度、难度、广度与实际需求相匹配。

◆根据相关专业领域的最新技术发展，推陈出新，补充新知识、新技术、新设备、新材料等方面的内容。

◆根据最新的国家标准、行业标准编写教材，保证教材的科学性和规范性。

◆根据一体化教学理念，提高实践性教学内容的比例，进一步强化理论知识与技能训练的有机结合，体现“做中学、学中做”的教学理念。

优化呈现形式

◆内容编排上采用活页式教材形式，以项目为引领、以任务为驱动、以技能训练为核心，突出课程对动手操作能力的培养，每个项目中包含多个任务，每个任务部分或全部包含任务目标、相关知识、任务实训、任务评价和知识测评等方面。

◆创新教材的呈现形式，尽可能使用图片、实物照片和表格等形式将知识点生动地展示出来，提高学生的学习兴趣，提升教学效果。

本教材可作为中职机电、电气自动化设备安装与维修等专业实践课教材，也可作为机电技术培训部门的参考用书。本教材在编写理念、结构、内容等方面进行了大胆的探索。由于编者水平有限，书中难免存在疏漏和不足之处，恳请广大读者批评指正。

编 者

2024 年 1 月

目 录

项 目 一

常用低压电器及其安装、检测与维修

任务一　低压电器的分类和常用术语

一、任务目标

（一）知识目标

1. 掌握低压电器的分类方法。
2. 了解低压电器常用术语的含义。

（二）素养目标

能够通过学习资料的收集、整理和总结，培养良好的自主学习能力。

二、相关知识

（一）低压电器

控制电器根据工作电压的高低，可分为高压控制电器和低压控制电器两种。而低压控制电器（简称“低压电器”）是指用于交流电压 1 200 V、直流电压 1 500 V 以下电路中的电器，分为配电电器和控制电器两种。其是能够根据外界的信号和要求，手动或自动地接通、断开电路，实现电路的切换、控制、保护、检测、变换和调节的元件或设备等。

（二）常见低压电器

比较常见的低压电器有低压断路器、低压熔断器和按钮，还包括各种刀开关、接触器、继电器等，实物图如表 1–1–1 所示。

表 1–1–1　常见的低压电器

名称	实物图	名称	实物图
低压断路器	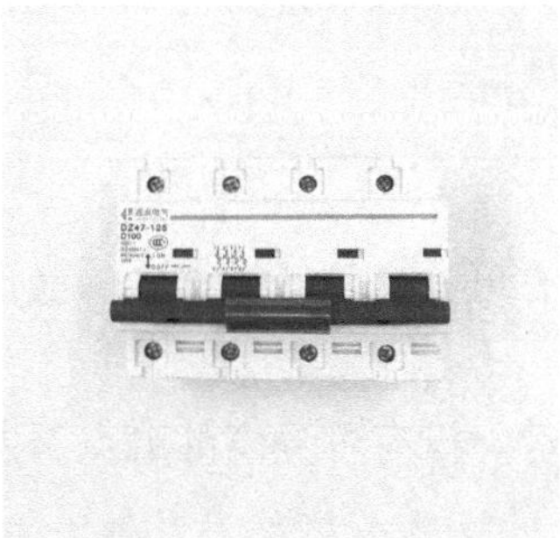	低压熔断器	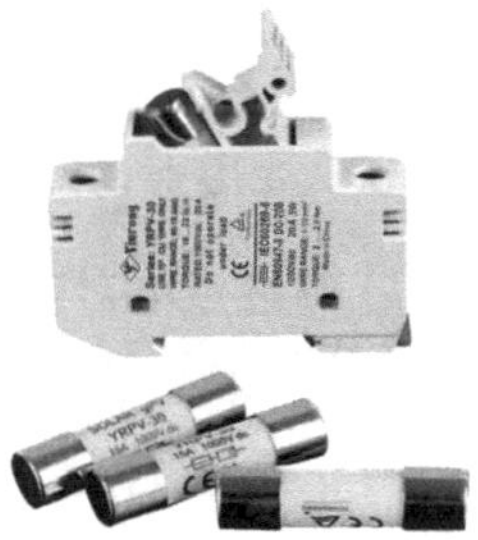

续表

名称	实物图	名称	实物图
按钮		开启式负荷开关（刀开关）	
接触器		继电器	

（三）低压电器的分类方法

低压电器的种类有很多，通常会按照按低压电器的用途和所控制的对象、动作方式，以及执行机构进行分类。

1. 按低压电器的用途和所控制的对象分类

（1）低压配电电器：包括低压开关、低压熔断器等，主要用于低压配电系统及动力设备中。

（2）低压控制电器：包括接触器、继电器、电磁铁等，主要用于电力拖动及自动控制系统中。

2. 按低压电器的动作方式分类

（1）自动切换电器：如接触器、继电器等，主要依靠电器本身参数的变化或外来信号的作用自动完成接通或分断等动作。

（2）非自动切换电器：如按钮、低压开关等，主要依靠外力（如手动控制）直接操作来进行切换。

3. 按低压电器的执行机构分类

（1）有触点电器：如接触器、继电器等，具有可分离的动触点和静触点，主要利用触点的接触和分离来实现电路的接通和断开控制。

（2）无触点电器：如接近开关、固态继电器等，没有可分离的触点，主要利用半导体元器件的开关效应来实现电路的通断控制。

（四）低压电器的常用术语

低压电器的常用术语见表 1-1-2。

表 1-1-2　低压电器的常用术语

常用术语	常用术语的含义
通断时间	从电流开始在开关电器的一个极流过的瞬间起，到所有极的电弧最终熄灭的瞬间为止的时间间隔
燃弧时间	电器分断过程中，从触头断开（或熔体熔断）出现电弧的瞬间开始，至电弧完全熄灭为止的时间间隔
分断能力	开关电器在规定的条件下，能在给定的电压下分断的预期电流值
接通能力	开关电器在规定的条件下，能在给定的电压下接通的预期电流值
通断能力	开关电器在规定的条件下，能在给定的电压下接通和分断的预期电流值
短路接通能力	在规定的条件下，包括开关电器的出线端短路在内的接通能力
短路分断能力	在规定的条件下，包括开关电器的出线端短路在内的分断能力
操作频率	开关电器在每小时内可能实现的最大循环操作次数
通电持续率	开关电器的有载时间和工作周期之比，常以百分数表示
电寿命	在规定的正常工作条件下，机械开关电器不需要修理或更换的负载操作循环次数

三、知识测评

（一）选择题

1. 下列器件中不是低压电器的是（　）

A. 低压断路器　B. 低压熔断器　C. 按钮　D. 电阻

2. 开关电器在规定的条件下能在给定的电压下接通和分断的预期电流值是（　）

A. 分断能力　B. 接通能力　C. 通断能力　D. 短路分断能力

（二）填空题

1. 低压电器是指用于__________、__________电路中的电器。

2. 低压电器的种类繁多，一般按低压电器的____________、____________和____________进行分类。

3. 按低压电器的用途和所控制的对象分类，低压电器可分为__________和__________。

4. 按低压电器的动作方式进行分类，低压电器可分为__________和__________。

5. 按低压电器的执行机构进行分类，低压电器可分为__________和__________。

任务二　低压熔断器

一、任务目标

（一）知识目标

1. 掌握低压熔断器的基本结构、工作原理及使用场合。
2. 熟记其图形符号和文字符号。

（二）技能目标

能够正确识别、选择、安装、使用常用的低压熔断器。

（三）素养目标

能够通过学习资料的整理和总结，培养良好的工作习惯和团队合作精神。

二、相关知识

（一）低压熔断器的基本知识

（a）RC1A 系列插入式　（b）RM10 系列无填料封闭管式　（c）RL1 系列螺旋式

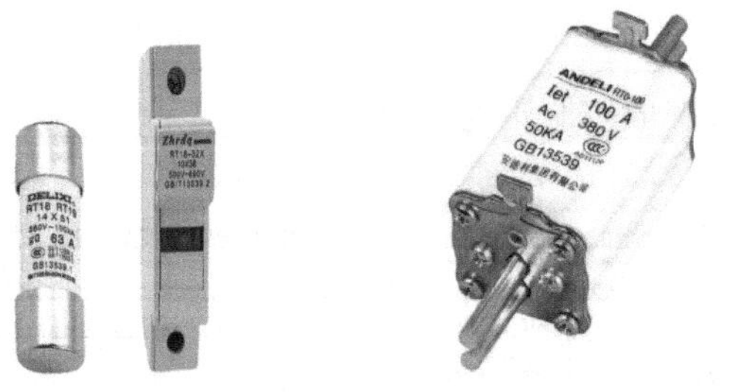

（d）RT18 系列圆筒帽形　（e）RT0 有填料封闭管式

图 1-2-1　常见的低压熔断器

熔断器在电路中具有短路保护和过电流保护的作用，在高低压配电系统、控制系统和用电设备中都被广泛应用。其工作原理是当电路发生短路或严重过载时，电路中电流超过规定值一段时间后，其通过自身产生的热量使熔体熔化，从而使电路断开，起到保护作用。它是一种电流保护器。图 1–2–1 是几种比较常见的低压熔断器。

1. 低压熔断器的基本结构与符号

低压熔断器的主要结构包括熔丝、熔断体、触点和外壳等部分。这些部分相互配合，共同发挥低压熔断器的保护作用。低压熔断器在电路中的文字符号是 FU，图形符号如图 1–2–2 所示。

图 1–2–2　低压熔断器的图形符号

（1）熔丝：是低压熔断器中最重要的部分，通常由铅、锡、铝等导电材料制成，当电路中的电流超过熔丝的额定电流时，熔丝就会熔断，从而切断电路，保护电器设备不受损坏。

（2）熔断体：是低压熔断器的另一个重要部分，它通常由陶瓷、玻璃等材料制成。熔断体的作用是将熔丝固定在一个位置，并将电流引导到熔丝上。当熔丝熔断时，熔断体也会受到一定的热量影响，但它的耐热性能要比熔丝好得多，从而保证了熔断器的可靠性和稳定性。

（3）触点：是低压熔断器的开关部分，它通常由铜、银等导电材料制成。当熔丝熔断时，触点会自动断开电路，从而保护电器设备。触点的质量和接触电阻对熔断器的性能和寿命有着重要的影响。

（4）外壳：是低压熔断器的保护部分，它通常由塑料、金属等材料制成。外壳的作用是保护熔丝、熔断体和触点不受外界环境的影响，具有美观和防护的作用。

2. 低压熔断器的主要技术参数

(1)额定电压 U_N

它是指低压熔断器长期工作所能承受的最大电压。如果低压熔断器的实际工作电压大于其额定电压，熔体一旦熔断，有可能发生电弧不能熄灭的现象。

(2)额定电流 I_N

它是使熔断器正常工作的最大电流，是由熔断器长期工作所允许的温升决定的电流值。

(3)最小熔化电流 $I_{R_{min}}$

它是指长期通过熔断器而不熔断的最大电流，所以最小熔化电流 $I_{R_{min}}$ 必须大于额定电流 I_N。

(4)极限分断能力

它是指在规定的使用、性能条件以及规定电压下低压熔断器所能分断的最大短路电流值。其大小由熔断器的灭弧能力决定，而与熔体的额定电流值无关。

(5)时间－电流特性（安－秒特性或保护特性）

它表示熔体熔断时间 t 与流过的电流 I_S 之间的关系特性。但要注意低压熔断器对过载的反应不灵敏，因此在电路中主要用于短路保护，只在照明和电加热电路中用作过载保护电器。

（二）低压熔断器的分类

低压熔断器的种类很多，按其结构可分为插入式熔断器、有填料螺旋式熔断器、有填料封闭管式熔断器、无填料封闭管式熔断器、有填料快速熔断器、半导体保护熔断器及自复式熔断器等。

1. 无填料熔断器

(1)插入式熔断器

RC1A 系列插入式熔断器，由瓷盖、瓷底座、动触头、静触头和熔丝组成，如图 1-2-3 所示。电源和负载接在瓷底座两端的静触头上，熔丝接在瓷盖两端的动触头上（便于更换熔丝）。其结构简单、价格低廉、更换方便，但极限分断能力较差，由于为半封闭结构，熔丝熔断时有声光现象，所以在易燃易爆的工作场合应禁止使用。

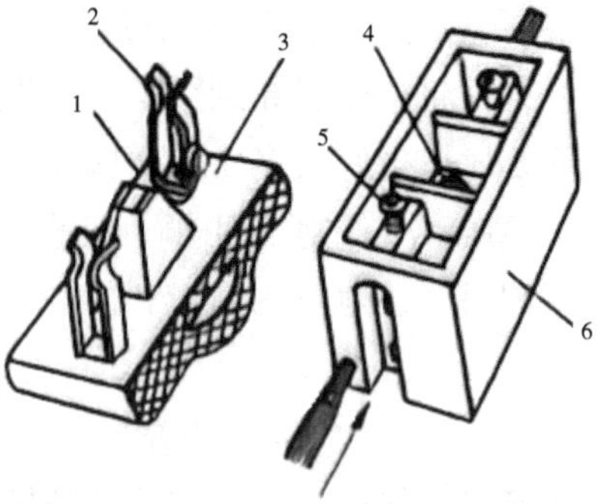

图 1-2-3　RC1A 系列插入式熔断器结构示意图

注：1—熔丝；2—动触头；3—瓷盖；4—空腔；5—静触头；6—瓷底盘。

应用：主要用于交流 50 Hz、额定电压 380 V 及以下、额定电流为 5~200 A 的低压线路末端或分支电路中，作为线路和用电设备的短路保护装置，在照明线路中还可起过载保护作用。

(2)无填料封闭管式熔断器

常用的有 RM1、RM7、RM10 系列产品，图 1-2-4 是 RM10 系列无填料封闭管式熔断器的结构示意图，由熔管、熔体、夹头及夹座等部分组成。熔断管为钢纸制成，两端为黄铜制成的可拆式管帽，管内熔体为变截面的熔片，更换熔体较方便。

应用：主要用于交流电压 380 V 以下、直流电压 440 V 以下的系统内。熔体的熔断电流一般为额定电流的 1.3~2.0 倍，超过 1.6~2.0 倍应能可靠熔断。

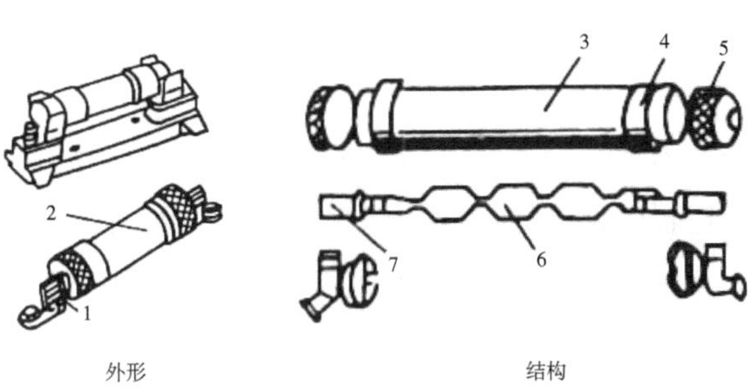

图 1-2-4　RM10 系列无填料封闭管式熔断器结构示意图

注：1—夹座；2—熔管；3—钢纸管；4—黄铜套管；5—黄铜帽；6—熔体；7—刀形夹头。

2. 有填料熔断器

(1)有填料螺旋式熔断器

RL1 系列有填料螺旋式熔断器，俗称螺旋保险器，主要由瓷帽、熔管、瓷套、上接线座、下接线座及瓷底座等部分组成，如图 1-2-5 所示。熔管内装有石英砂、熔丝和带小红点的熔断指示器，石英砂用于增强灭弧性能。该系列熔断器的分断能力较强，结构紧凑，体积小，安装面积小，更换熔体方便，工作安全可靠，熔丝熔断后有明显指示。

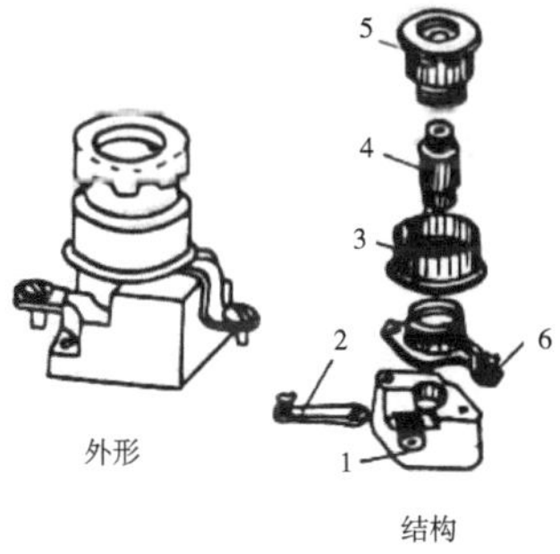

图 1-2-5　RL1 系列有填料螺旋式熔断器结构示意图

注：1—瓷底座；2—下接线座；3—瓷套；4—熔管；5—瓷帽；6—上接线座。

应用：广泛应用于控制箱、配电屏、机床设备及振动较大的场合，在交流额定电压 500 V、额定电流 200 A 及以下的电路中，可作为短路保护器件。由于熔体具有较大的热惯性，过负荷熔断时间较长，因此也常用作电动机的保护装置。

(2)有填料快速熔断器

常用的有 RLS、RS0、RS3 等系列有填料快速熔断器，又称半导体器件保护用熔断器。电力半导体器件的过载能力很差，采用熔断器保护时，要求过载或短路时必须快速熔断，一般在 6 倍额定电流时，熔断时间不大于 20 ms。故有填料快速熔断器的主要特点是熔断时间短，动作迅速（小于 5 ms）。

应用：主要用于半导体硅整流元件的过电流保护。RLS 系列主要用于小容量硅元件及成套装置的短路保护；RS0 和 RS3 系列主要用于大容量晶闸管元件的短路和过载保护，它们的结构相同，但 RS3 系列的动作更快，分断能力更强。

(3)有填料封闭管式熔断器

RT0 系列有填料封闭管式熔断器主要由熔管、底座、夹头、夹座等部分组成，如图 1–2–6 所示。它的熔管由高频电工瓷制成，熔体是两片网状紫铜片，中间用锡桥连接。熔体周围填满石英砂，起灭弧作用。该熔断器的分断能力是同容量的 RM10 系列的 2.5~4.0 倍。

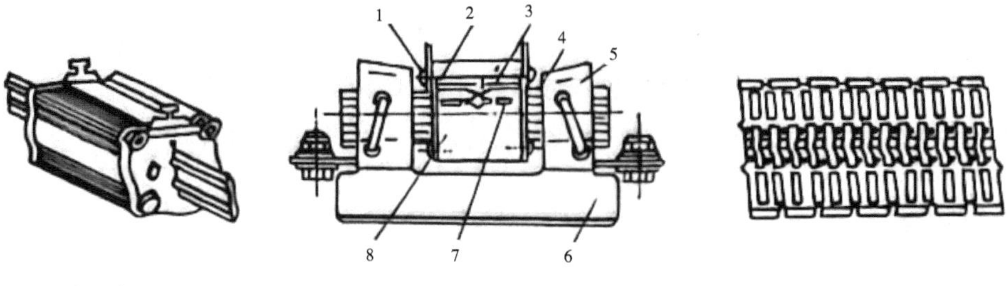

（a）外形　　（b）结构　　（c）锡桥

图 1–2–6　RT0 系列有填料封闭管式熔断器结构示意图

注：1—熔断指示器；2—石英砂填料；3—指示器熔丝；4—夹头；5—夹座；
6—底座；7—熔体；8—熔管。

应用：RT0 系列熔断器的极限分断能力强，广泛用于交流 380 V 及以下、短路电流较大的电力输配电系统中，作为线路及电气设备的短路保护及过载保护装置。

（三）低压熔断器的型号含义及技术参数

1. 低压熔断器型号及含义

低压熔断器型号及含义如图 1–2–7 所示。

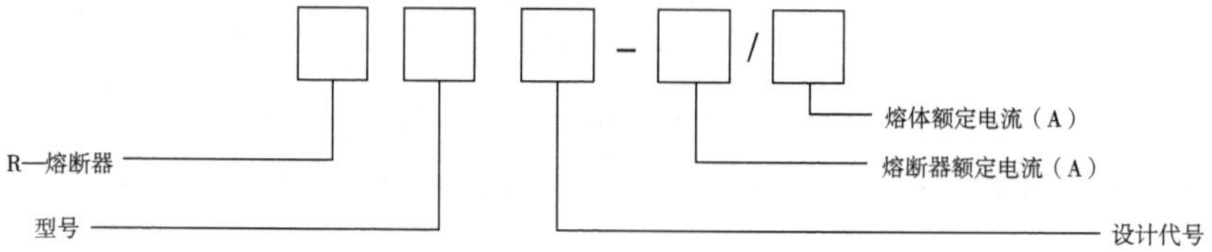

图 1–2–7　低压熔断器型号及含义

低压熔断器的型号：C—插入式熔断器；L—有填料螺旋式熔断器；M—无填料封闭管式熔断器；T—有填料封闭管式熔断器；S—有填料快速熔断器；Z—自复式熔断器。

例如：型号 RC1A–15/10 中，R 表示熔断器，C 表示插入式熔断器，设计代号为 1 A，熔断器额定电流是 15 A，熔体额定电流是 10 A。

2. 常见低压熔断器的主要技术参数

低压熔断器的主要技术参数见表 1–2–1。

表 1-2-1　常见低压熔断器的主要技术参数

类别	型号	低压熔断器额定电压 /V	低压熔断器额定电流 /A	熔体额定电流 /A
插入式熔断器	RC1A-10	380	10	2、4、6、10
	RC1A-30		30	20、25、30
	RC1A-60		60	40、50、60
	RC1A-100		100	80、100
有填料螺旋式熔断器	RL1-15	500	15	2、4、6、10、15
	RL1-60		60	20、25、30、35、40、50、60
	RL1-100		100	60、80、100
	RL1-200		200	100、125、150、200
	RL6-25	500	25	2、4、6、10、16、20、25
	RL6-63		63	35、50、63
	RL6-100		100	80、100
	RL6-200		200	125、160、200
无填料封闭管式熔断器	RM10-15	220、380 或 500	15	6、10、15
	RM10-60		60	15、20、25、35、45、60
	RM10-100		100	60、80、100
	RM10-200		200	100、125、160、200
	RM10-350		350	200、225、260、300、350
有填料封闭管式熔断器	RT0-100	380	100	30、40、50、60、100
	RT0-200		200	120、150、200、250
	RT0-400		400	300、350、400、450
	RT0-600		600	500、550、600
有填料快速熔断器（螺旋式）	RLS-10	500	10	3、5、10
	RLS-50		50	15、20、25、30、40、50
	RLS-100		100	60、80、100
有填料快速熔断器（管式）	RS0-50	500	50	30、50
	RS0-100		100	50、80
	RS0-200		200	150
	RS0-350		350	320
	RS0-500		500	400、480

（四）低压熔断器的选用

1. 低压熔断器类型的选用

根据使用环境、负载性质和短路电流的大小选用适当类型的低压熔断器。例如，对于容量较小的照明电路，可选用 RT18 系列圆筒帽形熔断器或 RC1A 系列插入式熔断器；对于短路电流相当大的电路或有易燃气体的环境，应选用 RT0 系列有填料封闭管式熔断器；在机床控制线路中，多选用 RL 系列有填料快速熔断器；用于半导体功率元件及晶闸管的保护时，应选用 RLS 系列有填料快速熔断器（螺旋式）。

2. 低压熔断器额定电压和额定电流的选用

（1）低压熔断器的额定电压 U_N 应大于或等于线路的工作电压 U_L，即

$$U_N \geqslant U_L$$

（2）低压熔断器的额定电流 I_N 必须大于或等于所装熔体的额定电流 I_{RN}，即

$$I_N \geqslant I_{RN}$$

（3）低压熔断器的分断能力应大于电路中可能出现的最大短路电流。

3. 熔体额定电流的选用

（1）当低压熔断器对电阻性负载进行短路保护时，熔体的额定电流 I_{RN} 应稍大于或等于负载的额定电流 I_L，即

$$I_{RN} \geqslant I_L$$

（2）当低压熔断器对一台不经常启动且启动时间不长的电动机进行短路保护时，熔体的额定电流按下式计算

$$I_{RN} \geqslant (1.5\text{~}2.5)\, I_L$$

（3）对多台电动机进行短路保护时，熔体的额定电流 I_{RN} 应大于或等于其中最大容量电动机的 1.5~2.5 倍额定电流 I_{Mmin} 与其余电动机额定电流的总和，即

$$I_{RN} \geqslant (1.5\text{~}2.5)\, I_{Mmin} + \sum I_N$$

（五）低压熔断器的安装与使用

1. 低压熔断器的额定电压应大于或等于线路的额定电压，熔断器的极限分断能力要大于线路中的最大短路电流，熔体的额定电流不能大于熔断器支持件（熔管）的额定电流。

2. 低压熔断器一般应垂直安装，应保证熔体与触刀以及触刀与刀座的接触良好，并防止电弧飞落到邻近带电部分。

3. 安装熔体时应注意不要使其受到机械损伤，以免发生误动作。

4. 安装时应注意使低压熔断器周围介质温度与被保护对象周围介质温度尽可能一致，以免保护特性产生误差。

5. 安装必须可靠，不要出现一相接触不良或断路的情况，防止电动机因断相运行而烧毁。

6. 安装带有熔断指示器的熔断器时，指示器应安装在便于观察的位置。

7. 低压熔断器两端的连接线应连接可靠，螺钉应拧紧，熔断器的安装位置应便于更换熔体。

8. 安装有填料螺旋式熔断器时，熔断器的下接线板的接线端应在上方，并与电源线连接。连接金属螺纹壳体的接线端应装在下方，并与用电设备相连，有油漆标志端向外，两熔断器间的距离应留有手拧的空间，不宜过近。这样更换熔体时螺纹壳体上就不会带电，以保证人身安全。

9. 低压熔断器兼做隔离器件使用时，应安装在控制开关的电源进线端；若仅为短路保护用，应装在控制开关的出线端。

（六）低压熔断器的常见故障及处理方法

低压熔断器的常见故障及处理方法见表 1–2–2。

表 1–2–2 低压熔断器的常见故障及处理方法

故障现象	可能原因	处理方法
电路接通瞬间，熔体熔断	1. 熔体电流等级选择过小 2. 负载侧短路或接地 3. 熔体安装时受机械损伤	1. 更换熔体 2. 排除负载故障 3. 更换熔体
熔体未熔断，但电路不通	熔体或接线座接触不良	重新连接

三、任务实训

低压熔断器的识别和检修

（一）工具、仪表及器材

工具、仪表及器材的选用见表 1–2–3。

表 1–2–3 工具、仪表及器材

序号	名称	规格	单位	数量
1	尖嘴钳、螺钉旋具	—	套	1
2	万用表	MF47 型	个	1
3	半封闭插入式熔断器	RC1A 系列	个	若干
4	有填料螺旋式熔断器	RL1A 系列	个	若干
5	封闭管式熔断器	RM10、RT0 系列	个	若干
6	有填料快速熔断器	RLS、RS 系列	个	若干

（二）实训过程

1. 识别低压熔断器

（1）在教师指导下，通过外形、型号区分不同种类、不同结构形式的低压熔断器，熟悉其主要技术参数的意义、功能、结构及工作原理等。

（2）教师任选 4 种低压熔断器，由学生根据实物识别出各电器的名称、型号及文字符号，填入表 1–2–4 中。

表 1–2–4 低压熔断器的识别

序号	名称	型号	文字符号
1			
2			

续表

序号	名称	型号	文字符号
3			
4			

2.RL1A 系列有填料螺旋式熔断器的检修

（1）检查所给熔断器的熔体是否完好。RL1A 系列可拔下瓷盖进行检查。

（2）若熔体已熔断，应按原规格选配熔体。

（3）更换熔体。RL1A 系列安装熔丝时，熔丝缠绕方向一定要正确，安装过程中不得损伤熔丝。

（4）用万用表检查更换熔体后的熔断器各部分接触是否良好。

3.RL1A 系列有填料螺旋式熔断器的安装

（1）拧螺钉用力要适当，不要损坏瓷件部分。

（2）电源进线端接在瓷质底座下接线端子上，负载线接在与金属螺纹壳相连的上接线端子上。

四、任务评价

评分标准见表 1–2–5。

表 1–2–5　评分标准

<table>
<tr><th>考核项目</th><th colspan="5">考核内容</th><th>配分</th><th>得分</th></tr>
<tr><td rowspan="3">识别熔断器</td><td colspan="5">能够正确识别熔断器的名称，写对一个得 2 分</td><td>8 分</td><td></td></tr>
<tr><td colspan="5">能够正确识别熔断器的型号，写对一个得 2 分</td><td>8 分</td><td></td></tr>
<tr><td colspan="5">能够正确画出熔断器的文字符号，画对一个得 2 分</td><td>8 分</td><td></td></tr>
<tr><td rowspan="4">RL1A 系列有填料螺旋式熔断器的检修</td><td colspan="5">仪表使用方法正确</td><td>10 分</td><td></td></tr>
<tr><td colspan="5">能够正确测量、检查熔断器熔体的好坏</td><td>10 分</td><td></td></tr>
<tr><td colspan="5">能够正确更换熔体</td><td>13 分</td><td></td></tr>
<tr><td colspan="5">更换完成后能够正确利用万用表检查熔断器通断情况</td><td>12 分</td><td></td></tr>
<tr><td rowspan="2">RL1A 系列有填料螺旋式熔断器的安装</td><td colspan="5">仪表使用方法正确</td><td>10 分</td><td></td></tr>
<tr><td colspan="5">安装步骤正确，没有损坏瓷件部分</td><td>11 分</td><td></td></tr>
<tr><td>安全文明</td><td colspan="5">严格遵守安全文明生产规程，操作规范，遵守纪律</td><td>5 分</td><td></td></tr>
<tr><td>团队合作</td><td colspan="5">团队协作好，工作整洁规范</td><td>5 分</td><td></td></tr>
<tr><td>开始时间</td><td></td><td>结束时间</td><td></td><td>实际时间</td><td></td><td>成绩</td><td></td></tr>
</table>

五、知识测评

（一）选择题

1. 熔体的熔断时间与（　）。

A. 电流成正比　B. 电流成反比　C. 电流的平方成正比　D. 电流的平方成反比

2. 半导体元件的短路或过载保护均采用（　）熔断器。

A. RL1 系列　B. RT0 系列　C. RLS 系列　D. RM10 系列

3. RL1 系列熔断器的熔管内充填石英砂是为了（　）。

A. 绝缘　B. 防护　C. 灭弧　D. 散热

4. 熔断器的核心是（　）。

A. 熔丝　B. 熔断体　C. 触点　D. 外壳

（二）填空题

1. 低压熔断器广泛应用于高低压配电系统、控制系统以及用电设备中，作为________和________的保护器。

2. 低压熔断器的主要结构包括________、________、________和________等部分。

3. 时间－电流特性又称为________或________，它表示熔体________与流过熔体________之间的关系特性。

4. 型号 RL1-15/10 中，R 表示________，L 表示________，设计代号为________，熔断器额定电流是________，熔体额定电流是________。

5.RM10 系列无填料封闭管式熔断器主要用于________、________的系统内。

6. 安装前，应检查低压熔断器的额定电压是否________线路的额定电压。

7. 低压熔断器一般应________安装，应保证熔体与触刀以及触刀与刀座的接触良好，并能防止电弧飞落到邻近带电部分上。

（三）判断题

1. 低压熔断器的额定电流与熔体的额定电流是两个相同的概念。（　）

2. 低压熔断器的熔断时间随电流的增大而减小。（　）

3. 在电动机控制线路中，低压熔断器既可以作为短路保护电器使用，也可以作为过载保护电器使用。（　）

4. 低压熔断器对短路反应灵敏，但对过载反应是很不灵敏的。（　）

5. 低压熔断器可以作为过载保护应用在照明电路当中，也可以提供短路保护。（　）

6. 对易燃易爆的工作场合应禁止使用半封闭结构的 RC1A 系列插入式熔断器。（　）

7. 当熔体的规格过小时，可以通过并联多个小规格的熔体来代替一根大规格的熔体。（　）

8. 更换低压熔断器的熔体时，不能改变其规格，更不能使用铜丝或铁丝代替熔体。（　）

任务三　低压开关

一、任务目标

（一）知识目标

1. 熟练掌握低压断路器、负荷开关、组合开关的功能。
2. 掌握其基本结构、工作原理及型号含义。
3. 熟记它们的图形符号和文字符号。

（二）技能目标

1. 能够正确识别和选用低压断路器、负荷开关、组合开关。
2. 能够正确安装和维修低压断路器、负荷开关、组合开关。

（三）素养目标

能够通过学习资料的整理和总结，培养良好的工作习惯和团队合作精神。

二、相关知识

（一）低压断路器

低压断路器又称为自动空气开关或自动空气断路器，简称断路器。在线路能够正常工作时，它可以接通和分断正常负荷电流和过负荷电流；当电路中发生短路、过载等故障时，还可以通过跳闸分断短路电流，从而保护线路。低压断路器操作安全，安装使用方便，被广泛应用于低压配电系统各级馈出线、各种机械设备的电源控制和用电终端的控制和保护。

1. 低压断路器的基本结构原理和符号

低压断路器的文字符号是 QF，图形符号如图 1–3–1（a）所示，低压断路器的主要结构为触头系统、灭弧装置、操作机构和保护装置，其主要有短路保护、过载保护和失压保护的功能，图 1–3–1（b）所示为 DZ5–20 型低压断路器的外形及结构图。

触头系统：结构包括主触头、弧触头和辅助触头。

灭弧装置：采用栅片灭弧方法。一般由长短不同的钢片交叉组成灭弧栅，放置在绝缘材料的灭弧室内构成灭弧装置。

操作机构：包括手柄操作、杠杆操作、电磁铁操作和电动机操作，提供多种操作方式以满足不同使用场景的需求。

保护装置：由各类脱扣器实现短路保护、过载保护、失压保护等功能。脱扣器按保护功能分类，可分为电磁脱扣器、失压脱扣器和热脱扣器等。低压断路器的热脱扣器用于过载保护，电磁脱扣器用于短路保护，失压脱扣器用于零压和欠压保护。

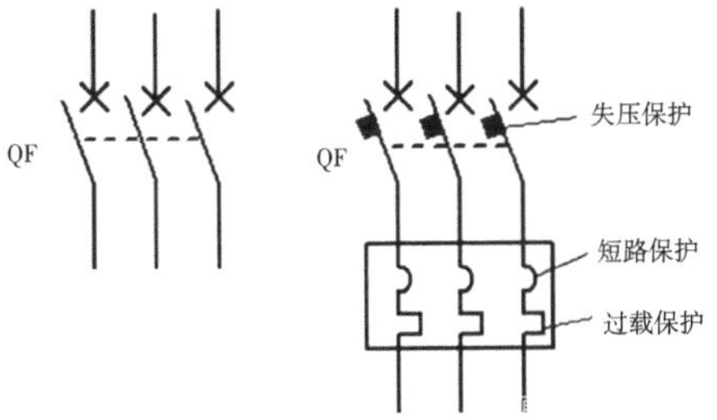

（a）图形符号

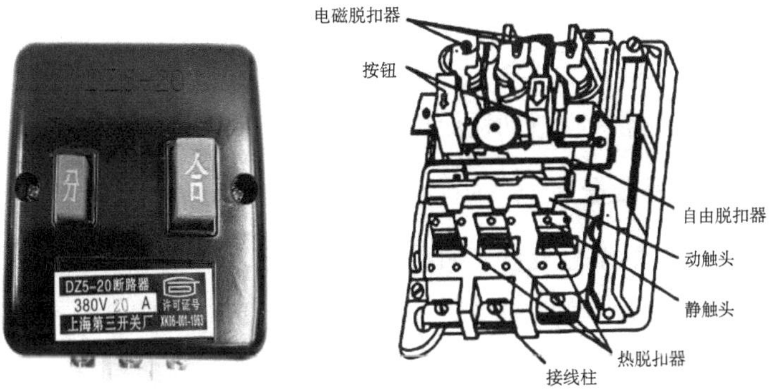

（b）结构

图 1-3-1　低压断路器的符号和结构

DZ5 系列低压断路器主要结构为三对主触头、一对常开辅助触头和一对常闭辅助触头。在电路中使用时，为了接通、断开主回路的大电流，需要将低压断路器的三对主触头串联在电路当中使用。想要接通电路时按下绿色按钮（“合”），切断电路时按下红色按钮（“分”）。当电路出现短路、过载等故障时，低压断路器通过自动跳闸切断保护电路。常开辅助触头和常闭辅助触头可用于信号指示或控制电路。主触头、辅助触头的接线柱伸出壳外，以便接线。

2. 低压断路器的分类

（a）DZ5 系列塑壳式

（b）DW15 系列万能式

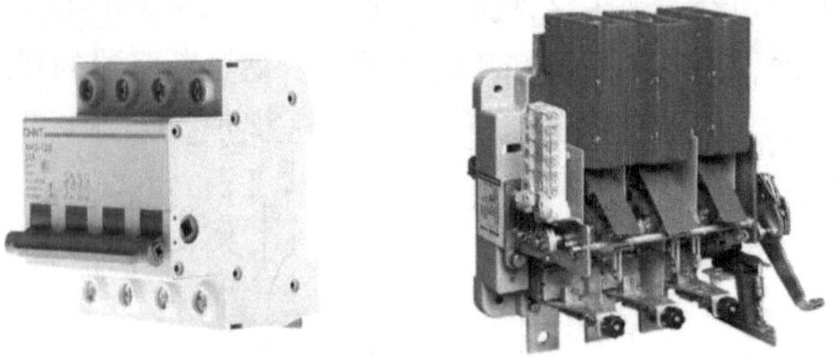

（c）NH2-100 隔离开关　　（d）DW16 系列万能式

图 1-3-2　低压断路器

根据低压断路器在电路中的用途以及结构特点，其主要分为：DW 系列框架式、DZ 系列塑壳式、DS 系列直流快速断路器，以及 DWX 系列、DWZ 系列限流式断路器，外形如图 1-3-2 所示。低压断路器具有人力、动力和储能三种操作方式；极数有单极、2 极、3 极和 4 极四种；同时还可以按照固定式、插入式和抽屉式三种方式进行安装；其在电路中的用途也有很多，可以用作配电用断路器、电动机保护用断路器、漏电保护用断路器和照明用断路器等。

3. 低压断路器的型号及含义

DZ5 系列低压断路器的型号及含义如图 1-3-3 所示。

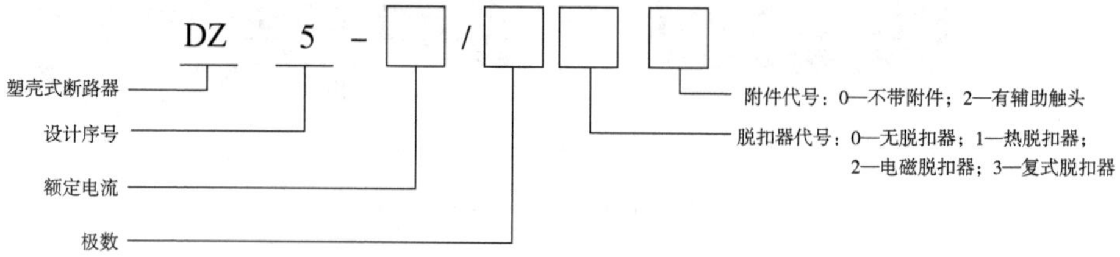

图 1-3-3　DZ5 系列低压断路器的型号及含义

4. 低压断路器的技术数据

DZ5-20 型低压断路器的技术数据见表 1-3-1。

表 1-3-1　DZ5-20 型低压断路器技术数据

<table>
<tr><th>型号</th><th>额定电压 /V</th><th>主触头额定电流 /A</th><th>极数</th><th>脱扣器形式</th><th>热脱扣器额定电流（括号内为整定电流调节范围）/A</th><th>电磁脱扣器瞬时动作整定值 /A</th></tr>
<tr><td>DZ5-20/330
DZ5-20/230</td><td>AC380
DC220</td><td>20</td><td>3
2</td><td>复式脱扣器</td><td rowspan="3">0.15（0.10~0.15）
0.20（0.15~0.20）
0.30（0.20~0.30）
0.45（0.30~0.45）
0.65（0.45~0.65）
1（0.65~1）
1.5（1~1.5）
2（1.5~2）
3（2~3）
4.5（3~4.5）
6.5（4.5~6.5）
10（6.5~10）
15（10~15）
20（15~20）</td><td rowspan="3">为电磁脱扣器额定电流的 812 倍（出厂时整定于 10 倍）</td></tr>
<tr><td>DZ5-20/320
DZ5-20/220</td><td>AC380
DC220</td><td>20</td><td>3
2</td><td>电磁脱扣器</td></tr>
<tr><td>DZ5-20/310
DZ5-20/210</td><td>AC380
DC220</td><td>20</td><td>3
2</td><td>热脱扣器</td></tr>
</table>

续表

型号	额定电压 /V	主触头额定电流 /A	极数	脱扣器形式	热脱扣器额定电流（括号内为整定电流调节范围）/A	电磁脱扣器瞬时动作整定值 /A
DZ5-20/300 DZ5-20/200	AC380 DC220	20	3 2	无脱扣器		

5. 低压断路器的选用原则

低压断路器的选用原则如下：

（1）保证低压断路器正常工作时的电压和电流小于或等于其额定电压和额定电流。

（2）保证热脱扣器的整定电流等于所控制负载的额定电流。

（3）保证电磁脱扣器的瞬时脱扣整定电流大于负载电路正常工作时的峰值电流。

（4）保证失压脱扣器的额定电压等于线路的额定电压。

（5）保证低压断路器的极限通断能力大于或等于电路的最大短路电流。

6. 低压断路器的安装及操作注意事项

（1）低压断路器应按规定垂直安装，连接导线的截面要符合规定值，电源线应接在上接线端，负载线接在下接线端。

（2）低压断路器的脱扣器整定电流及其他特征性参数和选择参数，调整好后不允许随意改动。若使用时间较长，需要检查其弹簧是否生锈卡住。

（3）只有在低压断路器的电源进线侧加装隔离开关、刀开关或低压熔断器时，低压断路器才能用作总开关或电动机的控制开关。

（4）低压断路器在过载或短路保护后，应先排除故障，再进行合闸操作。

（5）低压断路器承载的电流过大，手柄已处于脱扣位置而其触点并没有完全断开，此时负载端处于非正常运行状态，应人为切断电流，更换低压断路器。

（6）低压断路器断开短路电流后，应打开低压断路器检查触点、操作机构。若触点完好，并且操作机构灵活，按钮操作可靠，则低压断路器可以继续使用，若损坏严重，则必须及时更换低压断路器。

（7）要按时进行触点清洁，避免触点表面灰尘颗粒导致接触不良。

7. 低压断路器的常见故障及处理方法

低压断路器的常见故障及处理方法见表 1-3-2。

表 1-3-2　低压断路器的常见故障现象、可能原因及处理方法

故障现象	可能原因	处理方法
不能合闸	1. 失压脱扣器无电压或线圈损坏 2. 储能弹簧变形失效 3. 反作用弹簧力过大 4. 操作机构不能复位再扣	1. 检查施加电压或更换线圈 2. 替换弹簧 3. 调整或替换弹簧 4. 调整再扣接触面至规定值

续表

故障现象	可能原因	处理方法
电流达到整定值，低压断路器不能正常分断	1. 热脱扣器双金属片损坏 2. 电磁脱扣器的衔铁与铁芯距离太大或电磁线圈损坏 3. 主触头熔焊	1. 替换双金属片 2. 调整衔铁与铁芯的距离或替换低压断路器 3. 替换主触头
启动电动机时，低压断路器立即分断	1. 电磁脱扣器瞬时整定值过小 2. 运动中电磁脱扣器的某些零件损坏	1. 将整定值调高至规定值 2. 替换脱扣器
低压断路器闭合后一定时间自行分断	热脱扣器整定值过小	将整定值调高至规定值
低压断路器温升过高	1. 触头压力过小 2. 触头表面过分磨损或严重接触不良 3. 两个导电零件连接螺钉松动	1. 调整触头压力或更换弹簧 2. 替换触头 3. 拧紧螺钉
失压脱扣器出现噪声	1. 铁芯表面有锈蚀斑或油污 2. 短路环断裂 3. 反作用弹簧力太大	1. 清洁擦拭 2. 更换衔铁及铁芯 3. 调整弹簧

（二）开启式负荷开关

开启式负荷开关结构简单，价格便宜，使用和维修方便，又称为胶盖瓷底闸刀开关，简称刀开关，主要用作电源的隔离开关，分支电路的配电开关和电阻、照明回路的控制开关，也可用于控制小容量电动机的非频繁启动。

1. 开启式负荷开关的基本结构和符号

开启式负荷开关主要由胶盖、瓷底座和瓷质手柄组成，其中瓷底座内部有进线端、出线端、夹座（静触头）和熔体，瓷质手柄上具有动触头。这种开关没有专门的灭弧装置，操作人员拉、合闸时应站在开关的一侧，且动作要迅速，以免电弧烧坏触头或灼伤操作人员。

开启式负荷开关在电路中的文字符号是 QS，外形、结构及图形符号如图 1-3-4 所示。

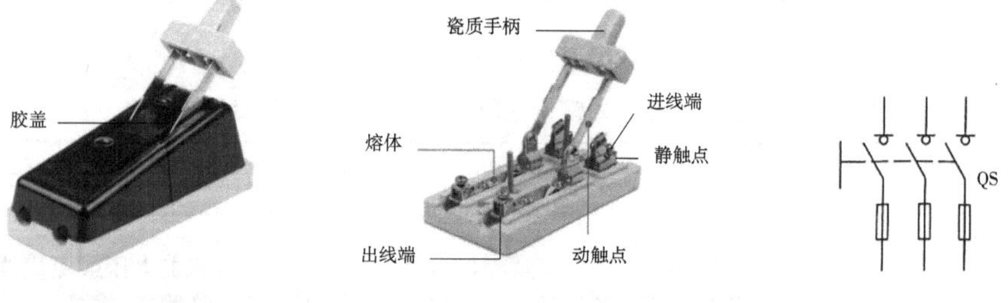

（a）外形　（b）结构　（c）图形符号

图 1-3-4　HK 系列开启式负荷开关

2. 开启式负荷开关的型号

常用的开启式负荷开关的型号有 HK1、HK2、HK4 和 HK8，HK 系列开启式负荷开关的含义如图 1–3–5 所示。

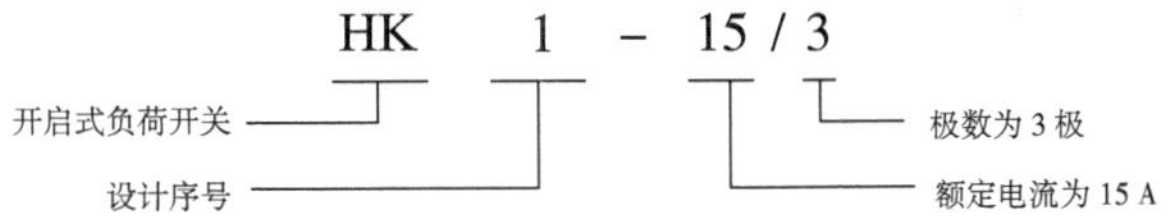

图 1–3–5　HK 系列开启式负荷开关的含义

3.HK 系列开启式负荷开关的主要技术数据

主要技术数据见表 1–3–3。

表 1–3–3　HK 系列开启式负荷开关的主要技术数据

型号	极数	额定电流 /A	额定电压 /V	可控制电动机最大容量 /kW		配用熔丝规格			
						熔丝成分 /%			熔丝线径 /mm
				220 V	380 V	铅	锡	锑	
HK1–15/2	2	15	220	—	—	98	1	1	1.45~1.59
HK1–30/2	2	30	220	—	—				2.30~2.52
HK1–60/2	2	60	220	—	—				3.36~4.00
HK1–15/3	3	15	380	1.5	2.2				1.45~1.59
HK1–30/3	3	30	380	3.0	4.0				2.30~2.52
HK1–60/3	3	60	380	4.5	5.5				3.36~4.00

4. 开启式负荷开关的选用原则

（1）开启式负荷开关的额定电压应当大于或等于电路负载的额定电压。

（2）开启式负荷开关的额定电流应当大于负载的峰值电流。控制电动机时，刀开关的额定电流应当不小于电动机额定电流的 3 倍。

（3）因为开启式负荷开关没有专门的灭弧装置，不宜频繁操作，所以只能控制功率在 5.5 kW 以下的电动机。

5. 开启式负荷开关的安装及操作注意事项

（1）开启式负荷开关必须垂直安装，且合闸状态时手柄应当朝上。不允许倒装或平装，以防误合闸。上端接电源线，下端接负载。

（2）开启式负荷开关控制照明和电热负载时，要装接低压熔断器作为短路保护和过载保护。

（3）开启式负荷开关控制电动机时，应当将熔体的接线处用铜导线连接，在开关后面另外安装低压熔断器。

（4）在分闸和合闸操作时，应动作迅速，使电弧尽快熄灭。

开启式负荷开关结构简单，价格便宜，曾被广泛使用，但其安全性能较差，现大部分已被低压断路器取代。

（三）组合开关

组合开关主要应用于交流频率 50 Hz、交流电压 380 V 以下或直流电压 220 V 以下电气控制线路中，也经常用于控制局部照明电路，作为接通、分断电路的手动开关使用；也可以直接控制 5 kW 以下小功率电动机的启动、停止，或使电动机正反转等，又称转换开关。组合开关根据不同的功能可以有不同的结构形式与外形，如图 1-3-6 所示。组合开关种类很多，特点是体积小、寿命长、使用可靠、结构简单、接线方式灵活、操作方便等。

图 1-3-6　常见组合开关

1. 组合开关的基本结构和符号

组合开关由动触点（动触片）、静触点（静触片）、转轴、手柄、定位机构及外壳等部分组成。其动触点、静触点分别叠装于数层绝缘垫板之间，各自附有连接线路的接线柱。当转动手柄时，每层的动触点随方形转轴一起转动，从而实现对电路的接通、断开控制。

组合开关在电路中的文字符号是 QS，其外形、结构以及图形符号如图 1-3-7 所示。

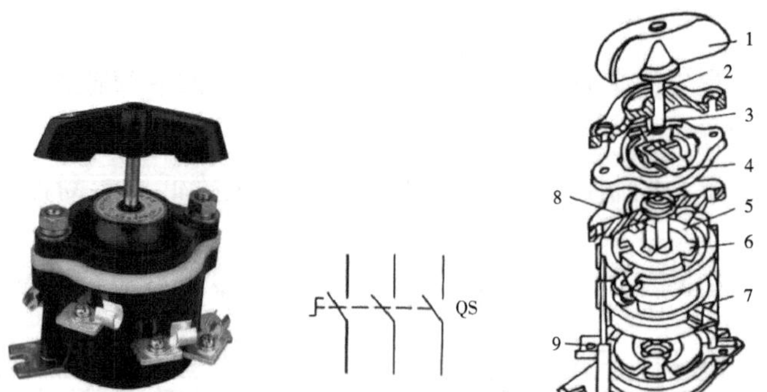

（a）外形　（b）图形符号　（c）结构

图 1-3-7　HZ10-10/3 型组合开关

注：1—手柄；2—转轴；3—弹簧；4—凸轮；5—绝缘垫板；6—动触点；7—静触点；8—绝缘方轴；9—接线柱。

2. 组合开关的型号及含义

常用的开组合开关的型号有 HZ5、HZ10 和 HZ15 等系列，HZ10 系列组合开关的型号含义如图 1–3–8 所示。

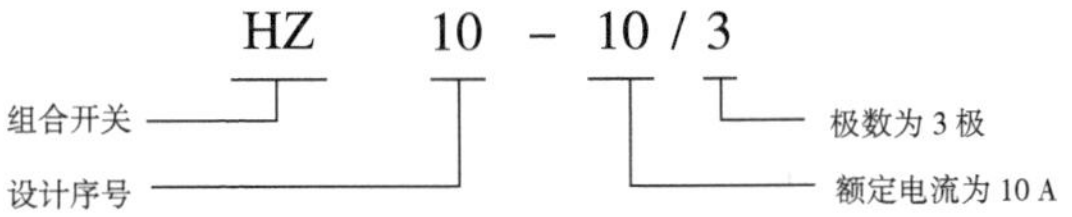

图 1–3–8　HZ10 系列组合开关的型号含义

3. 组合开关的主要技术数据

常见组合开关的主要技术数据见表 1–3–4。

表 1–3–4　常用组合开关的主要技术数据

型号	额定电压 /V	额定电流 /A	极数	极限操作电流 /A		可控制电动机最大容量和额定电流	
				接通	分断	最大容量 /kW	额定电流 /A
HZ10–10	DC220 V 或 AC380 V	6	单极	94	62	3	7
		10	2 极、3 极				
HZ10–25		25		155	108	5.5	12
HZ10–60		60		—	—	—	—
HZ10–100		100					

4. 组合开关的选用原则

（1）用于一般照明、电热电路时，要保证被控电路的负载电流总和小于或等于其额定电流。

（2）用作设备电源引入开关时，要保证被控电路的负载电流总和小于或等于其额定电流。

（3）当直接控制电动机时，其额定电流一般可取电动机额定电流的 2~3 倍。

5. 组合开关的安装及操作注意事项

（1）安装组合开关时，要保持手柄位置处于水平旋转方向。

（2）组合开关的通断能力较低，不能用来分断故障电流。利用电动机正反转控制时，在电动机完全停止转动后才允许反向接通。

（3）当负载的功率因数较小时，组合开关的容量要降低使用，否则会影响开关寿命。当负载的功率因数小于 0.5 时，由于熄弧困难，不要采用 HZ 系列组合开关。

（4）安装时要根据实际要求来选用合适的产品，若电路中需要过载和短路保护，在安装时要同时另外装设。

（5）触头机械磨损过快会产生金属粉末，导致触头绝缘不良，因此操作不能过于频繁，保证每小时少于 300 次。

6. 组合开关的常见故障及处理方法

组合开关的常见故障及处理方法见表 1–3–5。

表 1–3–5　组合开关常见故障及处理方法

故障现象	可能原因	处理方法
转动手柄，内部触点不动作	1. 手柄上的轴孔磨损变形 2. 绝缘杆变形（由方形磨为圆形） 3. 手柄与方轴，或轴与绝缘杆配合松动 4. 操作机构损坏	1. 调换手柄 2. 更换绝缘杆 3. 紧固松动部件 4. 修理更换
转动手柄，动静触点不按要求动作	1. 组合开关型号选用不正确 2. 触点角度装配不正确 3. 触点失去弹性或接触不良	1. 更换开关 2. 重新装配 3. 更换触头或清除氧化层或尘污
接线柱间短路	因铁屑或油污附着在接线柱间，形成导电层，将胶木烧焦，绝缘损坏而形成短路	重新更换开关

三、任务实训

低压开关的识别和检修

（一）工具、仪表及器材

工具、仪表及器材的选用见表 1–3–6。

表 1–3–6　工具、仪表及器材

序号	名称	规格	单位	数量
1	电工常用工具	—	套	1
2	兆欧表	ZC25–3 型	个	1
3	万用表	MF47 型	个	1
4	开启式负荷开关	HK1 系列	个	1
5	组合开关	HZ10–25 型	个	1
6	低压断路器	DZ5–20 型、DZ47 型、DW10 型	个	1

（二）实训过程

1. 识别低压开关

（1）在教师指导下，学生通过外形、型号区分不同种类、不同结构形式的低压开关，熟悉它们的主要技术参数的意义、功能、结构及工作原理等。

（2）教师任选 4 种低压开关，由学生根据实物识别出各电器的名称、型号及文字符号，填入表 1-3-7 中。

表 1-3-7 低压开关的识别

序号	名称	型号	文字符号
1			
2			
3			
4			

2. 熟悉低压断路器的结构和原理

拆开 DZ5-20 型塑壳式低压断路器，通过观察其内部结构，理解其工作原理，并将内部主要部件的作用、参数填入表 1-3-8 中。

表 1-3-8 低压断路器的结构

主要部件名称	作用	参数
电磁脱扣器		
热脱扣器		
触头		
按钮		

3. 组合开关的拆装检测

（1）取出 HZ10-25 型组合开关，拆下手柄上的紧固螺钉，取下手柄。

（2）拆下上顶盖两侧的紧固螺母，取出上顶盖、转轴弹簧和凸轮等操作机构的零件。

（3）抽出绝缘方轴，取出绝缘垫板上盖，拆下三对动触点、静触点。

（4）检查动、静触点有无烧损，视损坏程度进行修理或更换。

（5）检查内部转轴、弹簧是否松脱，消弧垫磨损是否严重，根据实际情况决定是否需要更换。

（6）检修完毕后按与拆卸相反的程序进行安装。

（7）装配完成后，用手旋动手柄，开关动作应正常，用万用表测试各对触点的通断情况是否正常。

（8）用兆欧表测试各对触点间的绝缘电阻是否正常。

四、任务评价

评分标准见表 1-3-9。

表 1-3-9 评分标准

考核项目	考核内容					配分	得分
识别低压开关	能够正确识别电器的名称，写对一个得 2 分					8 分	
	能够正确识别电器的型号，写对一个得 2 分					8 分	
	能够正确画出电器的文字符号，画对一个得 2 分					8 分	
熟悉低压断路器的结构和原理	仪表使用方法正确					8 分	
	能够正确拆下低压断路器的外壳					8 分	
	能够正确写出主要部件的作用和参数，写对一个得 2 分					10 分	
组合开关的拆装检测	仪表使用方法正确					5 分	
	能够正确拆卸组合开关					20 分	
	能够正确测量该电器的好坏并进行安装					10 分	
安全文明	严格遵守安全文明生产规程，操作规范，遵守纪律					10 分	
团队合作	团队协作好，工作整洁规范					5 分	
开始时间		结束时间		实际时间		成绩	

五、知识测评

（一）选择题

1.以下器件中，手动切换的是（　）。

A. 低压断路器　　B. 继电器　　C. 接触器　　D. 组合开关

2.DZ5-20 型低压断路器中的失压脱扣器起到的作用是（　）。

A. 过载保护　　B. 欠压保护　　C. 失压保护　　D. 短路保护

3. 以下低压保护电器中，最常用的是（　）。

A. 刀开关　　B. 熔断器　　C. 接触器　　D. 热继电器

4.HK 系列开启式负荷开关用于控制电动机的直接启动和停止时，选用额定电压 380 V 或 500 V，额定电流不小于电动机额定电流（　）倍的 3 极开关。

A. 1.5　　B. 2　　C. 3　　D. 4

5.组合开关用于控制小型异步电动机的运转时，开关的额定电流一般取电动机额定电流的（　）倍。

A. 1.5~2.5　　B. 1~2　　C. 2~3　　D. 2.5~3

（二）填空题

1. 低压开关一般为________电器，主要用于________、________、________和________。

2. 在电力拖动中，低压开关多数用作机床电路的________和局部照明电路的________，也可用来直接控制________电动机的启动、停止和正反转。

3. 常用的低压开关有________、________和________，它们的符号分别是________、________、________。

4. 低压断路器又称为________或________，简称________。当电路中发生________、________和失压等故障时，它能自动跳闸切断故障电路，保护线路和电气设备。

5. 低压断路器的热脱扣器用于________保护；电磁脱扣器用于________保护；失压脱扣器用于________和________保护。

6. 开启式负荷开关又称________，简称________。

7. 低压断路器、开启式负荷开关必须________安装，保证合闸状态时手柄朝________。

8. 组合开关又称________，其特点是体积________，触点对数________，________方式灵活，操作方便。

（三）判断题

1. 对于任何容量的电动机，低压开关都可以控制其启动、停止和正反转。（　）

2. 低压断路器中电磁脱扣器的作用是实现失压保护。（　）

3.DZ5 系列低压断路器的热脱扣器和电磁脱扣器均设有电流调节装置。（　）

4.DZ5-20 型低压断路器不设专门的灭弧装置。（　）

5.HK 系列开启式负荷开关不宜用于操作频繁的电路，因为其不具备专门的灭弧装置。（　）

6.HZ 系列组合开关可用来频繁地接通和断开电路，换接电源和负载。（　）

7.HZ 系列组合开关具有储能分合闸装置。（　）

8. 只要额定电压相同，刀开关之间就可以互换使用。（　）

9. 不是所有的刀开关都具有短路保护装置。（　）

10. 开启式负荷开关用作电动机的控制开关时，应根据电动机的容量选配合适的熔体并装于开关内作为短路保护。（　）

11. 开启式负荷开关在安装时既能垂直安装也能倒装或平装在控制屏或开关板上。（　）

12. 组合开关的通断能力较低，不能用来分断故障电流。（　）

任务四　主令电器

一、任务目标

（一）知识目标

1. 能够掌握按钮和行程开关在电路中的功能、工作原理。
2. 能够掌握按钮和行程开关的结构和型号含义。
2. 能够熟记它们的图形符号和文字符号。

（二）技能目标

1. 能够正确使用各种主令电器。
2. 能够正确安装及维修按钮和行程开关。

（三）素养目标

能够通过学习资料的整理和总结，培养良好的工作习惯和团队合作精神。

二、相关知识

（一）控制按钮

控制按钮在低压控制电路中主要用于接通或分断 5 A 以下的小电流电路。其工作时，利用手指或手掌施加力来操作控制信号。其具有弹簧储能复位功能。其结构简单、操作方便，因此被广泛应用。常见的控制按钮如图 1-4-1 所示。

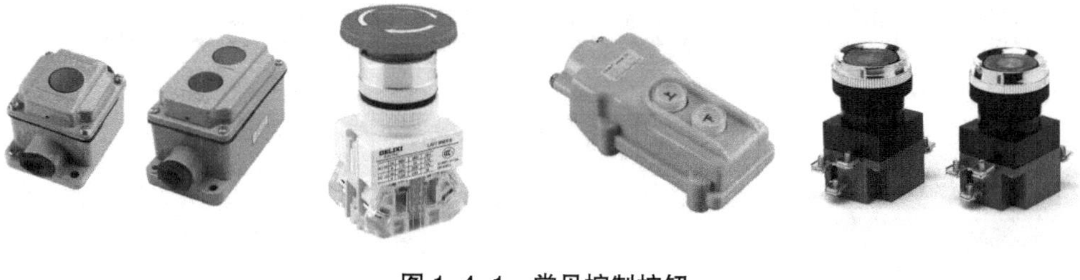

图 1-4-1　常见控制按钮

1. 按钮的基本结构与符号

按钮在电路中用字母 SB 表示，一般由按钮帽、复位弹簧、桥式动触头、静触头、支柱连杆及外壳等部分组成，内部结构图及图形符号如图 1-4-2 所示。

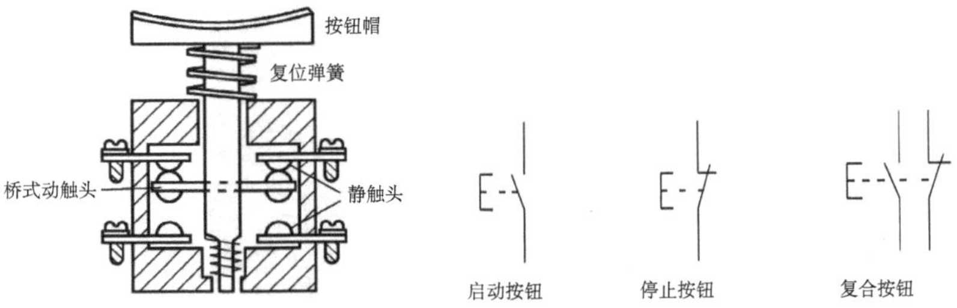

（a）内部结构图　　（b）图形符号

图 1-4-2　按钮内部结构和图形符号

根据按钮不受外力作用（静态）时触头的分合状态，其可分为启动按钮（常开按钮）、停止按钮（常闭按钮）和复合按钮（常开、常闭触头组合为一体的按钮）。其结构如图 1-4-3 所示。

结构	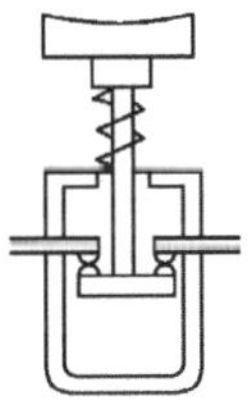	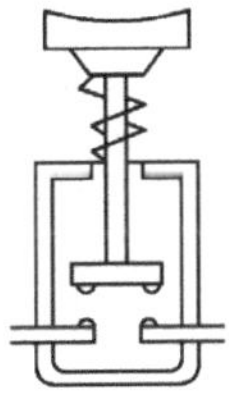	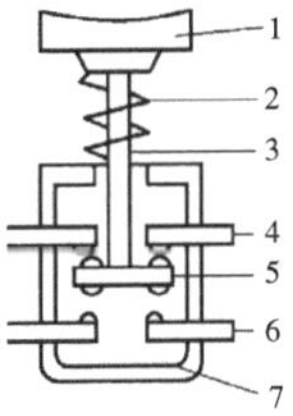
符号	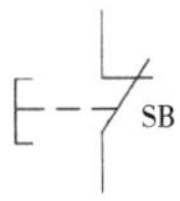	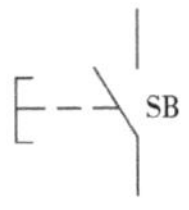	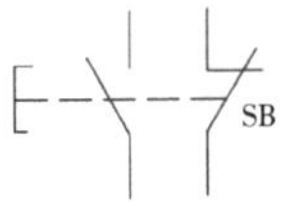
名称	停止按钮（常闭按钮）	启动按钮（常开按钮）	复合按钮

图 1-4-3　按钮的结构

注：1—按钮帽；2—复位弹簧；3—支柱连杆；4—常闭静触头；
5—桥式动触头；6—常开静触头；7—外壳。

（1）对于启动按钮：触头处于断开状态，当按下按钮帽时触头闭合，松开按钮帽时触头自动断开恢复到原来状态。

（2）对于停止按钮：触头处于闭合状态，当按下按钮帽时触头断开，松开按钮帽时触头自动闭合恢复到原来状态，其动作原理与启动按钮相反。

（3）对于复合按钮：按下按钮帽时桥式动触头向下运动，常闭触头由闭合状态断开后，常开触头才闭合；松开按钮帽时，则常开触头先断开后，常闭触头再闭合复位。

2. 按钮的分类

控制按钮可做成单式（一个按钮）、双式（两个按钮）和三联式（三个按钮）的形式，如图 1–4–4 所示。

图 1–4–4　单式、双式、三联式按钮实物图

为便于识别各个按钮的作用，避免误操作，通常在按钮上做出不同标志或涂以不同颜色以示区别。一般红色表示停止，绿色表示启动。按钮颜色的含义见表 1–4–1，指示灯颜色的含义见表 1–4–2。当难以选定适当的颜色时，应使用白色。急停操作件的红色不应依赖于其灯光的照度。

表 1–4–1　按钮颜色的含义

颜色	含义	说明	应用举例
红	紧急	危险或紧急情况时操作	急停
黄	异常	异常情况时操作	干预、制止异常情况，重新启动中断了的自动循环
绿	安全	安全情况或正常情况准备时操作	启动 / 接通
蓝	强制性	要求强制动作情况下的操作	复位功能
白	未赋予特定含义	除急停以外的一般功能的启动	启动 / 接通（优先），停止 / 断开
灰			启动 / 接通，停止 / 断开
黑			启动 / 接通，停止 / 断开（优先）

表 1–4–2　指示灯的颜色及其相对于工业机械状态的含义

颜色	含义	说明	操作者的动作	应用示例
红	紧急	危险情况	立即动作去处理危险情况（如操作急停）	压力 / 温度超过安全极限、电压降落、击穿、行程超越停止位置
黄	异常	异常情况、紧急临界情况	监视和（或）干预（如重建需要的功能）	压力或温度超过正常限值，保护器件脱扣
绿	正常	正常情况	任选	压力或温度在正常范围内
蓝	强制性	指示操作者需要动作	强制性动作	指示输入预选值
白	无确定性质	其他情况，可用于红色、黄色、绿色、蓝色的应用有疑问时	监视	一般信息

另外，为满足不同控制和操作的需要，控制按钮的结构形式也有所不同，如钥匙式、旋钮式、紧急式、掀钮式等。若将按钮的触点封闭于隔爆装置中，还可构成防爆型按钮，适用于有爆炸危险、有轻微腐蚀性气体或蒸气的环境，以及雨、雪和滴水的场合。

3. 按钮的型号及含义

按钮的型号及含义如图 1-4-5 所示。

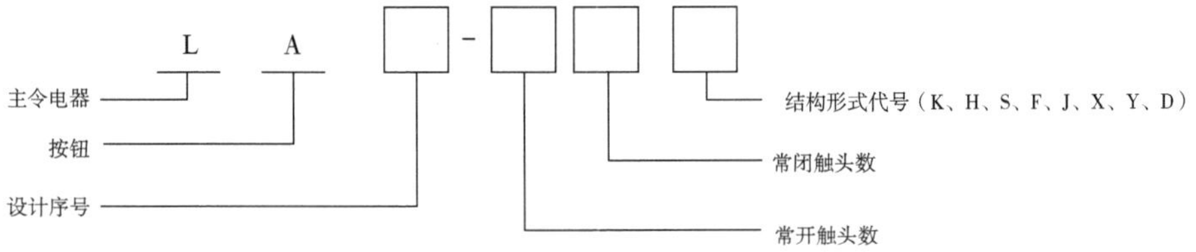

图 1-4-5　按钮的型号及含义

其中结构形式代号的含义如下：

K——开启式，嵌装在操作面板上。

H——保护式，带保护外壳，可防止内部零件受机械损伤或人偶然触及带电部分。

S——防水式，具有密封外壳，可防止雨水侵入。

F——防腐式，能防止腐蚀性气体进入。

J——紧急式，带有红色大蘑菇钮头（突出在外），作为紧急切断电源用。

X——旋钮式，用旋钮旋转进行操作，有通和断两个位置。

Y——钥匙式，用钥匙插入进行操作，可防止误操作或供专人操作。

D——光标式，按钮内装有信号灯，兼用作信号指示。

4. 按钮的选用原则

（1）根据使用场合和具体用途选择按钮的种类。例如，嵌装在操作面板上的按钮可选择开启式；需显示工作状态可选用光标式；需要防止无关人员误操作的重要场合宜用钥匙式；在有腐蚀性气体处要用防腐式。

（2）根据工作状态指示和工作情况要求，选择按钮或指示灯的颜色。例如，启动按钮选用白色、灰色或黑色，优先选用白色，也可选用绿色。急停按钮应选用红色。停止按钮可选用黑色、灰色或白色，优先用黑色，也可选用红色。

（3）根据控制回路的需要选择按钮的数量。如单联钮、双联钮和三联钮等。

LA10 系列按钮的主要技术数据见表 1-4-3。

表 1-4-3　LA10 系列按钮的主要技术数据

型号	形式	触头数量		额定电压、电流和控制容量	按钮	
		常开	常闭		钮数	颜色
LA10-1K	开启式	1	1	—	1	或黑、或绿、或红
LA10-2K	开启式	2	2	—	2	黑、红或绿、红
LA10-3K	开启式	3	3	—	3	黑、绿、红
LA10-1H	保护式	1	1	—	1	或黑、或绿、或红

续表

型号	形式	触头数量		额定电压、电流和控制容量	按钮	
		常开	常闭		钮数	颜色
LA10-2H	保护式	2	2	—	2	黑、红或绿、红
LA10-3H	保护式	3	3	电压：AC380 V，DC220 V	3	黑、绿、红
LA10-1S	防水式	1	1	电流：5 A	1	或黑、或绿、或红
LA10-2S	防水式	2	2	容量：AC300 W，DC60 W	2	黑、红或绿、红
LA10-3S	防水式	3	3	—	3	黑、绿、红
LA10-1F	防腐式	1	1	—	1	或黑、或绿、或红
LA10-2F	防腐式	2	2	—	2	黑、红或绿、红
LA10-3F	防腐式	3	3	—	3	黑、绿、红

5. 按钮的安装及操作注意事项

（1）应按照电动机启动的先后次序，在操作面板上将按钮从上到下或从左到右整齐排列，安装时接线要牢固。

（2）按钮安装时，红色按钮应作为停止按钮使用，而绿色或黑色应作为启动或通电按钮使用。

（3）安装时要时刻保证按钮触头的清洁，避免造成短路或接触不良。

（4）安装按钮的按钮板和按钮盒必须是金属的，并设法使它们与机床总接地母线相连接，对于悬挂式按钮必须设有专用接地线，不得借用金属管作为地线。

（5）若按钮用于高温场合，要在接线螺钉处加套绝缘塑料管，避免高温使塑料变形老化而导致松动短路。

（6）应降低带指示灯的按钮的灯泡电压，避免出现灯泡长时间发热使塑料灯罩变形的问题。

6. 按钮的常见故障及处理方法

按钮的常见故障及处理方法见表 1-4-4。

表 1-4-4　按钮的常见故障及处理方法

故障现象	可能原因	处理方法
按下按钮后常开触头不闭合	1. 触头位置氧化 2. 按钮变形，桥式动触头不能接触静触头 3. 机械结构卡死	1. 擦拭触头，必要时更换按钮 2. 更换按钮 3. 清除按钮内杂物
松开按钮后常闭触头不闭合	1. 触头氧化或有污物 2. 弹簧弹力不足	1. 擦拭按钮各触头 2. 更换或处理弹簧
按下按钮后常闭触头不断开	1. 污物过多造成短路 2. 胶木烧焦造成短路	1. 清除铁屑或脏污 2. 将按钮进行替换
松开按钮后常开触头不断开	1. 污物过多造成短路 2. 复位弹簧弹力不足 3. 胶木烧焦造成短路	1. 清除铁屑或脏污 2. 更换或处理弹簧 3. 将按钮进行替换

续表

故障现象	可能原因	处理方法
按下按钮时有触电的感觉	1. 接线松动，搭接在按钮外壳上 2. 按钮内污物较多	1. 重新进行接线 2. 清理按钮内部
按钮过热	1. 通过按钮的电流过大 2. 环境温度过高 3. 指示灯电压过高	1. 重新设计电路 2. 加强散热措施 3. 降低指示灯电压

（二）行程开关

行程开关又称为限位开关，是一种利用生产机械某些运动部件的碰撞来发出控制指令的主令电器，主要用于控制生产机械的运动方向、速度、行程或位置，是一种自动控制电器。

行程开关的作用原理与控制按钮相同，区别在于按钮是通过人力使其动作，而行程开关是利用机械运动部件的碰撞使其动作，从而将机械信号转变为电信号，使运动机械按一定的位置或行程实现自动停止、反向运动、变速运动或自动往返运动等。

1. 行程开关的符号和基本结构

行程开关在电路图中的文字符号用 SQ 表示，如图 1-4-6（a）所示；结构如图 1-4-6（b）所示。各系列行程开关主要由操作机构、触头系统和外壳三部分组成，如图 1-4-6（c）所示。

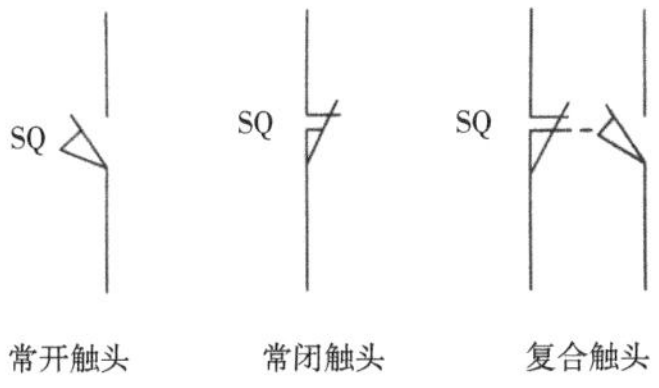

（a）图形符号

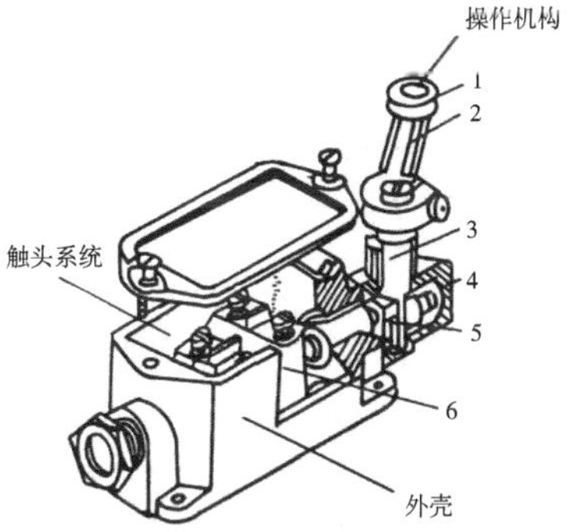

（b）结构图

（c）外形图

图 1-4-6　行程开关的外形、结构图和图形符号

注：1—滚轮；2—杠杆；3—转轴；4—复位弹簧；5—撞块；6—微动开关。

行程开关根据不同的操作机构，可分为按钮式（直动式）、旋转式（滚轮式）、微动式等，结构示意图如图 1-4-7 所示。

行程开关按照触头类型可分为一常开一常闭、一常开二常闭、二常开一常闭、二常开二常闭等形式，按照动作方式可分为瞬动式、蠕动式和交叉从动式，根据动作后的复位方式可分为自动复位式和非自动复位式。

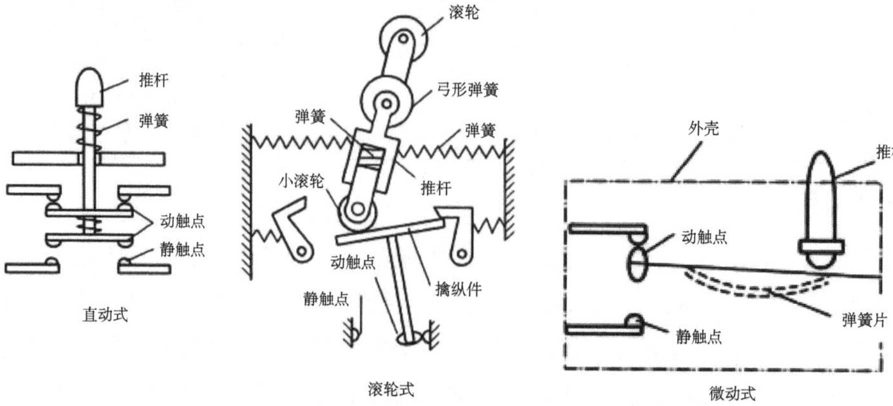

图 1-4-7　直动式、滚轮式、微动式行程开关结构示意图

2. 行程开关的型号及含义

LX19 系列行程开关的型号及含义如图 1-4-8 所示。

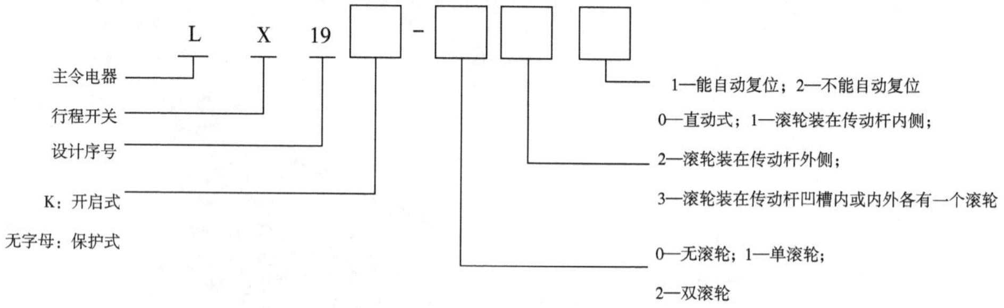

图 1-4-8　LX19 系列行程开关的型号及含义

3. 行程开关的主要技术数据

行程开关的主要技术数据见表 1-4-5。

表 1-4-5　LX19 和 JLXK1 系列行程开关的主要技术数据

型号	额定电压 额定电流	结构特点	触头对数		工作 行程	超行程	触头转 换时间
			常开	常闭			
LX19	—	元件	1	1	3 mm	1 mm	—
LX19–111	—	单滚轮，滚轮装在传动杆内侧，能自动复位	1	1	约 30°	约 20°	—
LX19–121	—	单滚轮，滚轮装在传动杆外侧，能自动复位	1	1	约 30°	约 20°	—

续表

型号	额定电压 额定电流	结构特点	触头对数		工作行程	超行程	触头转换时间
			常开	常闭			
LX19–131	380 V	单滚轮，滚轮装在传动杆凹槽内，能自动复位	1	1	约 30°	约 20°	—
LX19–212	5 A	双滚轮，滚轮装在 U 形传动杆内侧，不能自动复位	1	1	约 30°	约 15°	≤ 0.04 s
LX19–222	——	双滚轮，滚轮装在 U 形传动杆外侧，不能自动复位	1	1	约 30°	约 15°	—
LX19–232		双滚轮，在 U 形传动杆内外侧各装一个滚轮，不能自动复位	1	1	约 30°	约 15°	—
LX19–001	—	无滚轮，直动式，能自动复位	1	1	< 4 mm	3 mm	—
JLXK1–111	—	单滚轮防护式	1	1	12° ~ 15°	≤ 30°	—
JLXK1–211	500 V	双滚轮防护式	1	1	约 45°	≤ 45°	—
JLXK1–311	5 A	直动防护式	1	1	1~3 mm	2~4 mm	—
JLXK1–411	—	直动滚轮防护式	1	1	1~3 mm	2~4mm	—

4. 行程开关的安装及操作注意事项

（1）安装行程开关时，注意不要接反滚轮，按照要求确定挡铁碰撞的位置。

（2）应定期检查行程开关是否存在故障，发现故障要及时排除。

（3）要保证行程开关触头无油垢无尘垢、零部件无磨损，出现以上问题应及时清洁或替换。

5. 行程开关常见故障及处理方法

行程开关的常见故障及处理方法见表 1–4–6。

表 1–4–6　行程开关的常见故障及处理方法

故障现象	可能原因	处理方法
挡铁碰撞行程开关后，触头不动作	1. 行程开关位置安装不正确 2. 触头位置接线松脱导致接触不良 3. 触头的弹簧失效	1. 调整安装位置 2. 清洗触头或紧固接线 3. 将弹簧进行替换
杠杆已经偏转后触头不复位	1. 复位弹簧失去弹性 2. 内部撞块被卡住 3. 调节螺钉过长使开关按钮被卡住	1. 更换弹簧 2. 清扫内部杂物 3. 检查并调整调节螺钉

三、任务实训

主令电器的识别和检修

（一）工具、仪表及器材

工具、仪表及器材的选用见表 1–4–7。

表 1–4–7 工具、仪表及器材

序号	名称	规格	单位	数量
1	电工常用工具	—	套	1
2	兆欧表	ZC25–3 型	个	1
3	万用表	MF47 型	个	1
4	按钮	LA18–22、LA18–22J、LA10、LA12	个	若干
5	行程开关	JLXK1–111、JLXK1–211、JLXK1–311	个	若干

（二）实训过程

1. 识别主令电器

（1）在教师指导下，通过外形和型号区分不同种类、不同结构形式的主令电器，熟悉它们的主要技术参数的意义、功能、结构及工作原理等。

（2）教师任选 4 种主令电器，由学生根据实物识别出各电器的名称、型号及文字符号，填入表 1–4–8 中。

表 1–4–8 主令电器的识别

序号	名称	型号	文字符号
1			
2			
3			
4			

2. 按钮的检测

（1）拆开按钮的外壳观察其内部结构，指出常开触头和常闭触头的位置。

（2）观察常开触头、常闭触头和复合触头在工作时的动作情况并进行记录。

（3）通过万用表的电阻挡测量各对触头之间的接触情况，记录常开触头和常闭触头是否接触良好。

3. 行程开关的检测

（1）拆开行程开关的外壳，观察其内部结构，指出常开触头和常闭触头的位置。

（2）观察理解并记录常开触头、常闭触头和复合触头的动作情况。

（3）用万用表的电阻挡测量各对触头之间的接触情况，判断并记录常开触头和常闭触头是否接触良好。

四、任务评价

评分标准见表 1–4–9。

表 1–4–9　评分标准

考核项目	考核内容					配分	得分
识别主令电器	能够正确识别电器的名称，写对一个得 2 分					8 分	
	能够正确识别电器的型号，写对一个得 2 分					8 分	
	能够正确画出电器的文字符号，画对一个得 2 分					8 分	
按钮的检测	仪表使用方法正确					10 分	
	能够正确指出按钮中常开触头和常闭触头的位置					10 分	
	能够正确测量判断该电器的好坏					13 分	
行程开关的检测	仪表使用方法正确					10 分	
	能够正确指出行程开关中常开触头和常闭触头的位置					10 分	
	能够正确测量判断该电器的好坏					13 分	
安全文明	严格遵守安全文明生产规程，操作规范，遵守纪律					5 分	
团队合作	团队协作好，工作整洁规范					5 分	
开始时间		结束时间		实际时间		成绩	

五、知识测评

（一）选择题

1. 常开按钮在电路中的作用是（　　）。

A. 接通电路　　　　B. 断开电路　　　　C. 接通或断开电路

2. 常闭按钮在电路中的作用是（　　）。

A. 接通电路　　　　B. 断开电路　　　　C. 接通或断开电路

3. 行程开关的触头动作是通过（　　）来实现的。

A. 手指的按压　　　　B. 生产机械运动部件的碰压

C. 手指的按压或者生产机械运动部件的碰压

4. 双轮旋转式行程开关为（　）。

A. 非自动复位式　　B. 自动复位式　　C. 自动或非自动复位式

（二）填空题

1. 按钮是一种用________某一部分所施加力而操作，并具有________复位的控制开关，是一种最常用的主令电器。

2. 按钮的触头允许通过的电流较________，一般不超过________A。

3. 按钮按静态触头的分合状态，分为________、________和复合按钮。

4. 按钮颜色的含义如下：红色含义是________，当________或________情况时操作；黄色含义是________，当出现________情况时操作；绿色含义是________，在________情况或________情况准备时操作；蓝色含义是________，当要求________情况下操作；白色、灰色、黑色未赋予特定含义，是除________以外的一般功能的启动。

5. 行程开关是一种自动控制电器，主要用于控制生产机械的运动________、________、________或位置。

6. 行程开关的动作方式可分为________、________和________三种。动作后的复位方式分别是________复位和________复位。

（三）判断题

1. 按钮既可以在控制电路中发出指令或信号，去控制接触器、继电器等电器，也可直接控制主电路的通断。（　）

2. 按钮安装金属板或金属按钮盒时必须可靠接地，安装时要牢固。（　）

3. 按下复合按钮时，其常开触头和常闭触头是一起动作的。（　）

4. 当按下启动按钮再松开时，按钮的常开触头一直处于闭合接通状态。（　）

5. 常闭按钮在电路中作为停止按钮使用。（　）

6. 行程开关是通过用手指来发出控制指令的主令电器。（　）

7. 行程开关起限制运动机械位置的作用。（　）

任务五　接触器

一、任务目标

（一）知识目标

1. 能正确识别、选择、安装、使用、拆装、检修、校验交流接触器。
2. 掌握接触器的分类、功能、基本结构、工作原理、型号含义。
3. 熟记图形符号和文字符号。

（二）技能目标

1. 能够分析接触器的工作原理。
2. 会选择交流接触器及掌握交流接触器的使用方法。

（三）素养目标

1. 培养学生学习的积极性、主动性，全身心地投入课堂学习中，能够专注听讲、集中精力。
2. 培养学生团队协作能力和良好的人际交往能力。

二、相关知识

开关、按钮等电器，都是依靠手动操作来实现接通或断开电路，属于非自动切换电器。在电力拖动中，广泛应用接触器来实现电路的自动控制。

接触器是一种自动的电磁式开关，适用于远距离频繁地接通和断开交、直流主电路及大容量控制电路。其主要控制对象是电动机，也可以用于控制电热设备、电焊机等其他负载。它不仅能实现远距离自动操作和欠电压释放保护功能，而且具有控制容量大、工作可靠、操作频率高、使用寿命长等优点。

由于接触器的众多优点，因此其在电力拖动系统中得到了广泛应用。

接触器按主触头通过的电流种类可以分为交流接触器和直流接触器。

（一）交流接触器

1. 交流接触器的结构

交流接触器（图 1–5–1）的主要结构分为电磁系统、触头系统、灭弧装置和辅助部件，如图 1–5–2 所示。

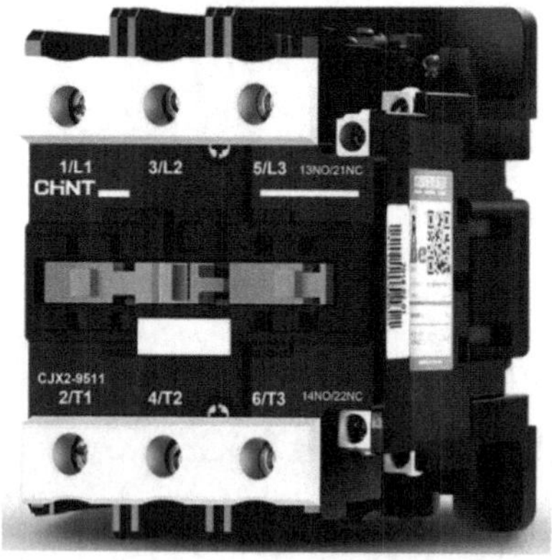

（a）CJX2 系列

（b）CJ10 系列

图 1–5–1　交流接触器

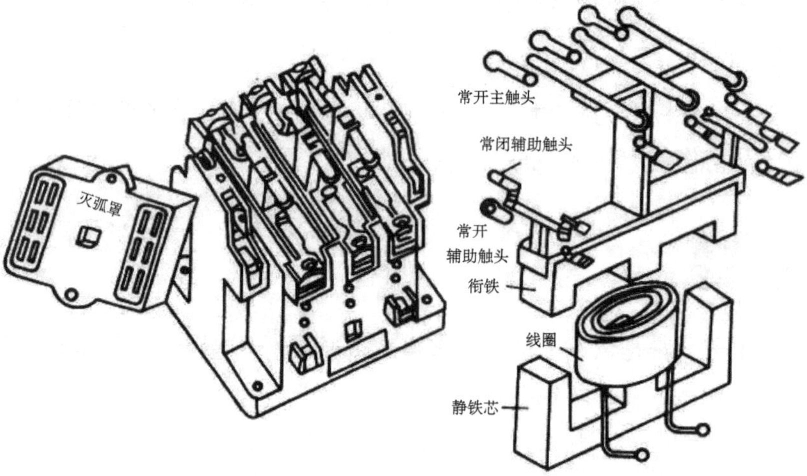

图 1–5–2　交流接触器分解图

（1）电磁系统

电磁系统主要由线圈、静铁芯和动铁芯（又称衔铁）三部分组成。静铁芯在下、动铁芯在上，线圈装在静铁芯上。铁芯是交流接触器发热的主要部件，静铁芯、动铁芯一般用 E 形硅钢片叠压而成，以减少铁芯的磁滞和涡流损耗，避免铁芯过热。另外，在 E 形铁芯的中柱端面留有 0.1~0.2 mm 的气隙，以减小剩磁影响，避免线圈断电后衔铁粘住不能释放。铁芯的两个端面上嵌有短路环（又称分磁环），如图 1–5–3 所示，用以消除电磁系统的振动和噪声。线圈做成粗而短的圆筒形，且在线圈和铁芯之间留有空隙，以增强铁芯的散热效果。

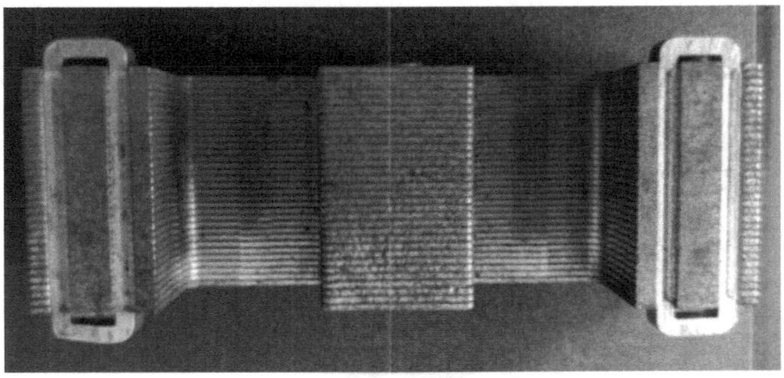

图 1-5-3 交流接触器铁芯的短路环

交流接触器利用电磁系统中线圈的通电或断电，使静铁芯吸合或释放衔铁，从而带动动触头与静触头闭合或分断，实现电路的接通或断开。

(2)触头系统

交流接触器的触头按通断能力可分为主触头和辅助触头，如图 1-5-4 所示。主触头用以通断电流较大的主电路，一般由三对常开主触头组成。辅助触头用以通断电流较小的控制电路，一般由常开辅助触头或者常闭辅助触头组成。触头的常开、常闭，是指电磁系统未通电动作前触头的状态。常开辅助触头和常闭辅助触头是联动的。当线圈通电时，常闭辅助触头先断开，常开辅助触头随后闭合，中间有一个很短的时间差。当线圈断电后，常开辅助触头先恢复断开，随后常闭辅助触头恢复闭合，中间也存在一个很短的时间差。这个时间差虽短，但对分析线路的控制原理却很重要。

(3)灭弧装置

交流接触器在断开大电流或高电压电路时，会在动、静触头之间产生电弧。电弧是触头间气体在强电场作用下产生的放电现象，电弧会灼伤触头，减少其使用寿命；也会延长电路切断时间，甚至造成弧光短路或引起火灾事故。因此触头间的电弧应尽快熄灭。

灭弧装置的作用是熄灭触头分断时产生的电弧，以减轻对触头的灼伤，保证可靠的分断电路。

(4)辅助部件

交流接触器的辅助部件有反作用弹簧、缓冲弹簧、触头压力弹簧、传动机构、底座、接线柱等，如图 1-5-4 所示。反作用弹簧安装在衔铁与线圈之间，其作用是在线圈发生断电后，推动衔铁立即释放，带动触头复位；缓冲弹簧安装在静铁芯与线圈之间，用来缓冲衔铁在吸合时对静铁芯及外壳的冲击力，保护外壳；触头压力弹簧安装在动触头上面，其作用是增加动、静触头间的压力，从而增大接触面积，减小接触电阻，防止触头过热损伤；传动机构的作用是在衔铁或者反作用弹簧的作用下，带动动触头实现与静触头的接通或者分断。

2. 交流接触器的工作原理

当交流接触器的线圈通电后，线圈中的电流产生磁场，使静铁芯磁化产生足够大的电磁吸力，克服反作用弹簧的反作用力将衔铁吸合，衔铁通过传动机构带动常闭辅助触头先断开，三对常开主触头和常开辅助触头后闭合；当交流接触器线圈断电或电压显著下降时，由于铁芯的电磁吸力消失或过小，衔铁在反作用弹簧的作用下复位，并带动各触头恢复到原始状态。

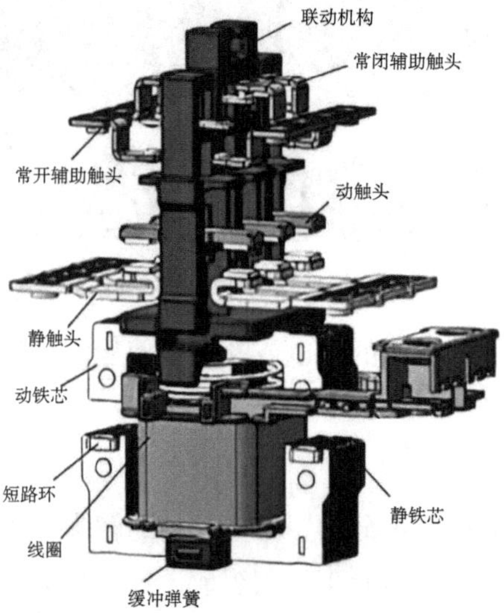

图 1–5–4　交流接触器结构图

3. 交流接触器的型号及含义

CJ 系列交流接触器适用于交流频率 50 Hz（或 60 Hz）、电压 380 V，电流 150 A 的电力线路中，供远距离接通和分断电路用，并适用于频繁启动、停止和反转的交流电动机。

4. 交流接触器的图形符号和文字符号

交流接触器的图形符号和文字符号如图 1–5–5 所示。

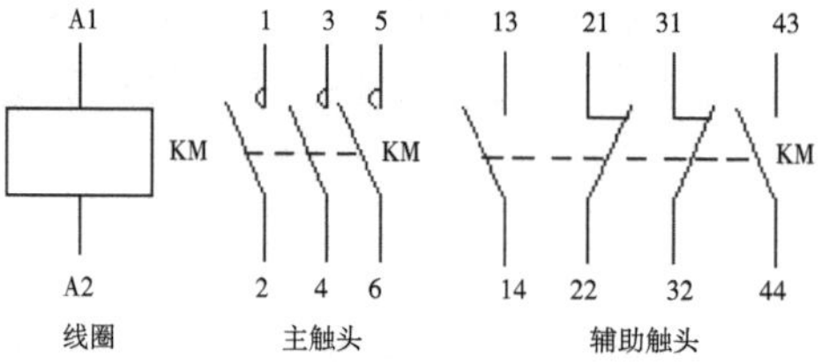

图 1–5–5　交流接触器的图形符号和文字符号

（二）直流接触器

1. 直流接触器的结构

直流接触器主要由电磁系统、触头系统、灭弧装置三部分组成，结构如图 1–5–6 所示。

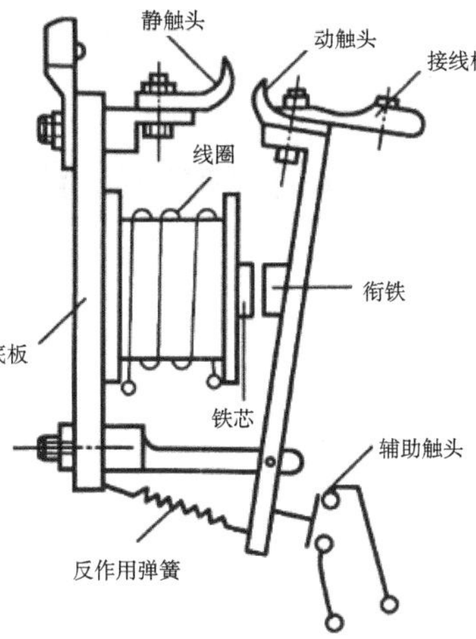

图 1-5-6　直流接触器的结构图

（1）电磁系统

直流接触器的电磁系统由线圈、铁芯和衔铁组成。直流接触器的线圈中通入的是直流电，铁芯中不会产生涡流及磁滞损耗，铁芯常用整块铸钢或者铸铁制成，铁芯端面也不需要嵌装短路环。但在磁路中常常垫有非磁性垫片，以减小剩磁的影响，保证线圈断电后衔铁能够可靠释放。直流接触器线圈的匝数比较多，电阻值大，铜损耗也大，所以直流接触器的发热以线圈本身发热为主。为了使线圈散热良好，常将线圈做成长而薄的圆筒形。

（2）触头系统

直流接触器触头与交流接触器一样，也有主、辅之分。主触头接通和断开的电流较大，多采用滚动接触的指形触头，以延长触头使用寿命。辅助触头的通断电流较小，多采用双断点桥式触头。

（3）灭弧装置

直流接触器主触头在分断较大直流电流时，会产生强烈的电弧。由于直流电弧不像交流电弧那样有自然过零点，所以在相同的电气参数下，熄灭直流电弧要比熄灭交流电弧要困难，直流接触器一般采用磁吹式灭弧装置结合其他方法灭弧。

为了减小直流接触器运行时的线圈功耗，延长吸引线圈的使用寿命，对容量较大直流接触器的线圈常采用串联双绕组。把直流接触器的一个常闭触头与保持线圈并联，在电路刚接通的瞬间，保持线圈被常闭触头短路，可使启动线圈获得较大的电流及吸力。当直流接触器动作后，启动线圈和保持线圈串联通电，由于电压不变，所以电流较小，但仍可保持衔铁被吸合，达到减小线圈的损耗的目的。

2. 直流接触器的工作原理

直流接触器的工作原理与交流接触器相同。

三、任务实训

识别、拆装与检测交流接触器

（一）工具、仪表及材料

工具、仪表及材料的选用见表 1–5–1。

表 1–5–1　工具、仪表及材料

工具	仪表	器件			
		代号	名称	型号	数量
验电笔、螺丝刀、钢丝钳、尖嘴钳、斜口钳、电工刀等电工常用工具	ZC25–3 型兆欧表（500 V，0~500 MΩ）、MG3–1 钳形电流表、MF47 型万用表	T	调压变压器	TDGC2–10/0.5	1
		KM	交流接触器	CJ10（CJT1）、CJ20、CJX1（3TB 和 3TF）、CJX2 和 CJX8（B）系列等	若干
		KM	交流接触器	CJ10–20	1
		QS1	开启式负荷开关	HK1–15/3	1
		QS2	开启式负荷开关	HK1–15/2	1
		EL	指示灯	220 V、25 W	3
		—	控制板	500 mm × 400 mm × 30 mm	1
		—	连接导线	BVR 1.0 mm^2	若干

（二）实训过程

1. 交流接触器的识别

（1）在教师指导下，仔细观察各种不同系列、规格的交流接触器，熟悉它们的外形、型号、主要技术参数、结构、工作原理，注意识别主触头、常开辅助触头和常闭辅助触头、线圈接线柱等。

（2）识别不同编号的接触器，并写出各接触器的系列名称、型号、文字符号，画出图形符号，填入表 1–5–2 中，并简述接触器的主要结构和工作原理。

表 1–5–2　接触器的识别

序号	1	2	3	4	5
系列名称					
型号					
文字符号					
图形符号					
主要结构					
工作原理					

2.CJ10-20 交流接触器的拆装与检测

(1)拆装

第一步：松开灭弧罩紧固螺钉，取下灭弧罩。

第二步：拉紧主触头定位弹簧夹，取下主触头及主触头压力弹簧片。拆卸主触头时必须将主触头侧转 45° 后取下。

第三步：松开辅助触头静触头的接线桩螺钉，取下常开静触头。

第四步：松开接触器底部的盖板螺钉，取下盖板。在松盖板螺钉时要用手按住螺钉并慢慢放松。

第五步：取下静铁芯缓冲绝缘纸片及静铁芯；取下静铁芯支架及缓冲弹簧。

第六步：拔出线圈接线端的弹簧夹片，取下线圈。

第七步：取下反作用弹簧，取下衔铁和支架。

第八步：取下动铁芯及缓冲绝缘纸片。

(2)检测

①检查灭弧罩有无破裂或烧损，清除灭弧罩内的金属飞溅物和颗粒。

②检查触头的磨损程度，磨损严重时应更换触头。若不需更换，则清除触头表面上烧毛的颗粒。

③清除铁芯端面的油垢，检查铁芯有无变形及端面接触是否平整。

④检查触头压力弹簧及反作用弹簧是否变形或弹力不足，如有需要则更换弹簧。

⑤检查电磁线圈是否有短路、断路及发热变色现象。

⑥装配按照拆卸的逆顺序进行。

3. 自检

用万用表欧姆挡检查线圈及各触头是否良好：用兆欧表测量各触头间及主触头对地电阻是否符合要求；用手按动主触头检查运动部分是否灵活，以防产生接触不良、振动和噪声。

交流接触器的校验及触头压力的调整。

(1)交流接触器的校验

①将装配好的交流接触器按图 1-5-7 所示接入校验电路。

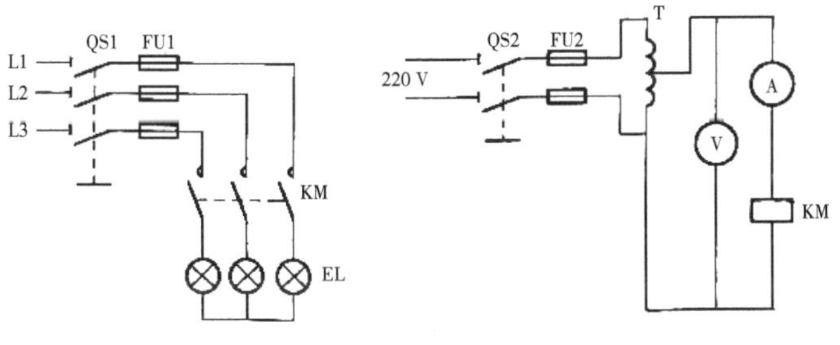

图 1-5-7　交流接触器动作值校验电路

②选好电流表、电压表量程并调零；将调压变压器输出置于零位。

③合上 QS1 和 QS2，均匀调节调压变压器，使电压上升到交流接触器铁芯吸合为止，此时

电压表的指示值即为交流接触器的动作电压值。该电压应小于或等于 85%U_N（U_N 吸引线圈的额定电压）。

④保持吸合电压值，分合开关 QS2，做两次冲击合闸试验，以校验动作的可靠性。

⑤均匀地降低调压变压器的输出电压直至衔铁分离，此时电压表的指示值即为交流接触器的释放电压，释放电压值应大于 50%U_N。

⑥将调压变压器的输出电压调至交流接触器线圈的额定电压，观察铁芯有无振动及噪声，从指示灯的明暗可判断主触头的接触情况。

(2)触头压力的测量与调整

用纸条凭经验判断触头压力是否合适。将一张厚约 0.1 mm、比触头稍宽的纸条夹在 CJ10–20 交流接触器的触头间，使触头处于闭合位置，用手拉动纸条，若触头压力合适，稍用力纸条即可拉出。若纸条很容易被拉出，说明触头压力不够。若纸条被拉断，说明触头压力太大。可调整触头弹簧或更换弹簧，直至符合要求。

4. 注意事项

（1）拆卸接触器时，应备有盛放零件的容器，以免丢失零件。

（2）拆装过程中不允许硬撬元件，以免损坏电器。装配辅助静触头时，要防止卡住动触头。

（3）接触器通电校验时，应把接触器固定在控制板上。通电校验过程中，要均匀、缓慢地改变调压变压器的输出电压，以使测量结果尽量准确，并应有教师监护，以确保安全。

（4）调整触头压力时，注意不要损坏接触器的主触头。

四、任务评价

评分标准见表 1–5–3。

表 1–5–3　评分标准

考核项目	考核内容	配分	得分
识别接触器	正确书写型号	40 分	
	正确书写符号		
	正确说明主要结构、工作原理		
交流接触器的拆装、检修、校验及调整触头压力	拆装方法正确	50 分	
	零件无损坏、丢失或遗漏		
	检修方法正确		
	通电校验		
	通电时无振动或噪声		
	校验方法或结果正确		
	凭经验判断触头压力大小		
	调整压力		

续表

考核项目	考核内容					配分	得分
安全文明	严格遵守安全文明生产规程，操作规范，遵守纪律					5 分	
团队合作	团队协作好，工作整洁规范					5 分	
开始时间		结束时间		实际时间		成绩	

五、知识测评

（一）选择题

1. 接触器一般由三对常开触头组成，用以通断（　）。

A. 电流较小的控制电路　　B. 电流较大的主电路　　C. 控制电路和主电路

2. 常闭按钮（　）。

A. 只能接通电路　　B. 只能断开电路　　C. 能接通或断开电路

（二）填空题

1. 交流接触器主要由________、________、________和________组成。

2. 交流接触器电磁系统主要由________、________和________三部分组成。

3. 直流接触器主要由________、________和________三部分组成。

4. 交流接触器的铁芯一般用 E 形________叠压而成，以减少铁芯的________和________损耗。铁芯的两个端面上嵌有________，用以消除电磁系统的振动和噪声。

（三）判断题

1. 接触器除用来通断大电流电路外，还具有欠电压和过电压保护功能。（　）

2. 接触器按线圈通过的电流种类不同，可分为交流接触器和直流接触器。（　）

3. 交流接触器中发热的主要部件是铁芯。（　）

4. 直流接触器的发热以铁芯发热为主。（　）

5. 接触器的常开触头和常闭触头是同时动作的。（　）

6. 交流接触器的线圈电压过高或过低都会造成线圈过热而烧毁。（　）

7. 为了使线圈散热良好，直流接触器常常将线圈做成长而薄的圆筒形。（　）

任务六　继电器

一、任务目标

（一）知识目标

1. 能正确识别、选择、安装、使用各种常用的继电器，掌握它们的分类、功能、基本结构、工作原理及型号含义，熟记它们的图形符号和文字符号。

2. 能正确调整、校验热继电器、时间继电器等的整定值。

（二）技能目标

熟练使用万用表检测继电器。

（三）素养目标

培养学生自主学习能力和团队合作意识。

二、相关知识

继电器按工作原理可分为电磁式继电器、电动式继电器、感应式继电器、晶体管式继电器和热继电器等；按输出方式可分为有触点继电器和无触点继电器。

任何一种继电器，不论它们的动作原理、结构形式、使用场合如何千差万别，其结构都是主要由检测机构、中间机构、执行机构三部分组成。检测机构把检测到的电量或非电量信号传递给中间机构，并将它与预定值（整定值）相比较，当达到预定值时，中间机构便会执行机构动作，从而接通或断开电路。

电磁式继电器的结构和工作原理与接触器基本相同，它由电磁机构和触头系统组成。按照吸引线圈电流的种类，电磁式继电器可分为直流电磁式继电器和交流电磁式电器；按其在电路中的作用，可分为中间继电器、电流继电器和电压继电器。

（一）中间继电器

1. 功能

中间继电器是用来增加控制电路中的信号数量或将信号放大的继电器。其输入信号是线圈的通电和断电，输出信号是触头的动作。由于触头的数量较多，所以其他电器的触头数或触点容量不够时，可借助中间继电器做中间转换，以控制多个元件或回路。

2. 结构原理

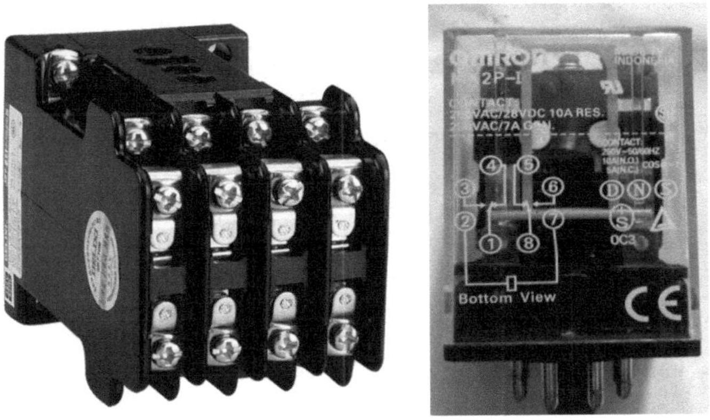

图 1-6-1　继电器

中间继电器的结构及工作原理与接触器基本相同，中间继电器是一种根据输入信号（电量或非电量）的变化，来接通或分断小电流电路，实现自动控制和保护电力拖动装置的电器。图 1-6-1 所示的是常用的继电器，一般情况下，继电器不能直接控制电流较大的主电路，而是通过控制接触器或其他电器的线圈来实现对主电路的控制。

中间继电器又称接触器式继电器。但中间继电器的触头对数多，且没有主、辅触头之分，各对触头允许通过的电流大小相同，多数为 5 A。因此，对于工作电流小于 5 A 的电气控制线路，可用中间继电器代替接触器来控制。中间继电器的结构如图 1-6-2 所示。

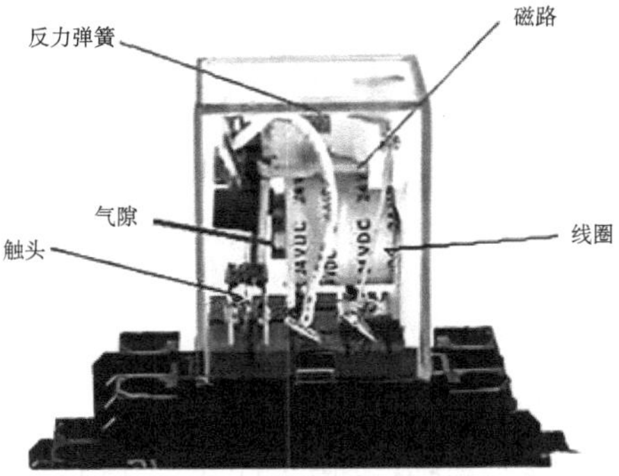

图 1-6-2　中间继电器结构

3. 中间继电器在电路图中的符号

中间继电器的文字符号和图形符号如图 1-6-3 所示。

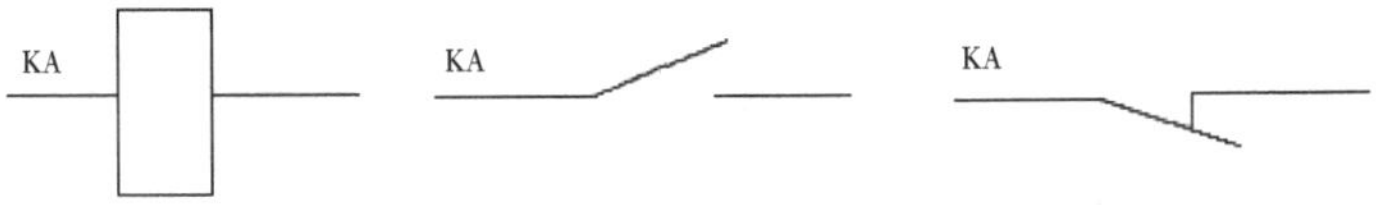

（a）线圈　（b）常开触点　（c）常闭触点

图 1-6-3　中间继电器符号

4. 中间继电器的型号含义

中间继电器的型号含义如图 1-6-4 所示。

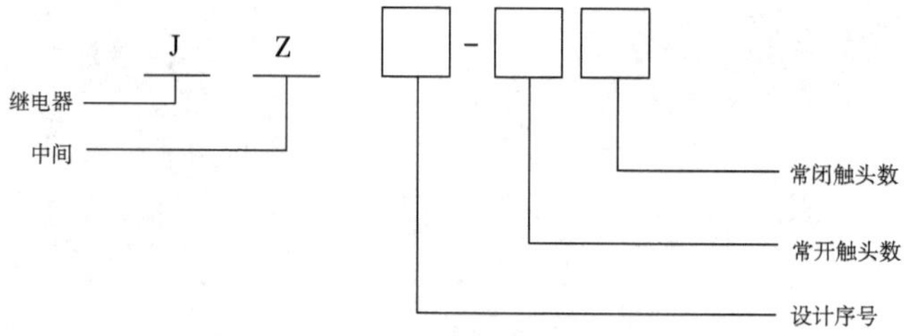

图 1-6-4 中间继电器的型号含义

（二）电流继电器

电流继电器反映输入量为电流的继电器。使用时，电流继电器的线圈串联在被测电路中，当通过线圈的电流达到预定值时，其触头就会动作。为了降低串入电流继电器线圈后对原电路工作状态的影响，设置电流继电器线圈的匝数少、导线粗、阻抗小。

电流继电器分为过电流继电器和欠电流继电器两种。电流继电器在电路中的符号如图 1-6-5 所示。

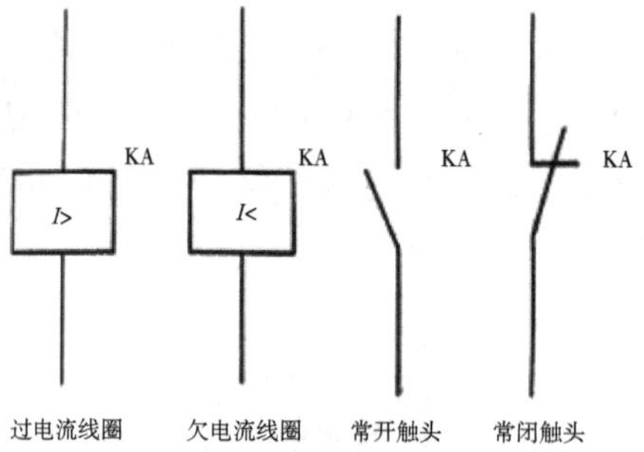

图 1-6-5 电流继电器的符号

1. 过电流继电器

通过继电器的电流超过预定值时就动作的继电器称为过电流继电器。过电流继电器的吸合电流为 1.1~4.0 倍的额定电流，也就是说，在电路正常工作时，过电流继电器线圈通过额定电流时是不吸合的；当电路中发生短路或过载故障，通过线圈的电流达到或超过预定值时，铁芯和衔铁才吸合，带动触头动作。

常用的过电流继电器有 JT4、JL5、JL12 及 JL14 等系列，广泛用于直流电动机或绕线转子异步电动机的控制电路中，用于频繁及重载启动的场合，作为电动机和主电路的过载或短路保护。

2. 欠电流继电器

欠电流继电器是当通过继电器的电流减小到低于其整定值时动作的继电器。欠电流继电器的吸合电流一般为线圈额定电流的 0.30~0.65 倍，释放电流为额定电流的 10%~20%。因此，在电路正常工作时，欠电流继电器的衔铁与铁芯始终是吸合的。只有当电流降至低于整定值时，欠电流继电器释放，发出信号，从而改变电路的状态。

常用的欠电流继电器有 JL14–Q 等系列产品，常用于直流电动机和电磁吸盘电路中做弱磁保护。

3. 电流继电器的型号含义

电流继电器的型号含义如图 1–6–6 所示。

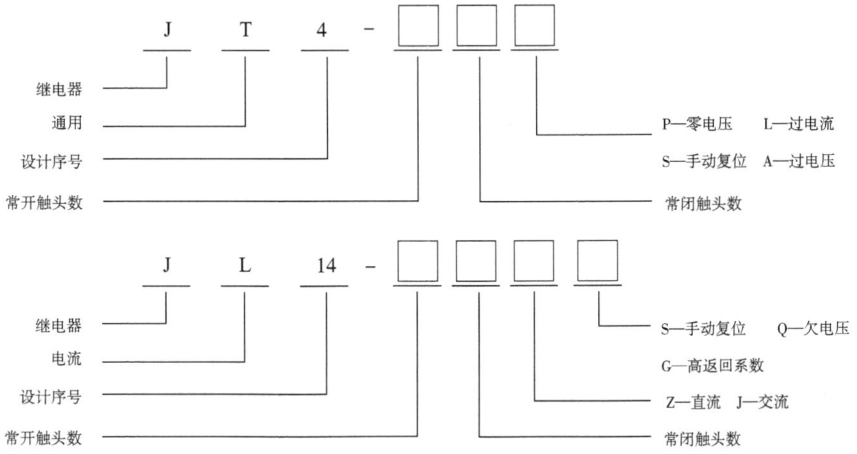

图 1–6–6　电流继电器的型号含义

（三）电压继电器

电压继电器是反映输入量为电压的继电器。使用时，电压继电器的线圈需并联在被测量的电路中，根据线圈两端电压的大小而接通或断开电路。因此，电压继电器线圈的导线细、匝数多、阻抗大。

电压继电器分为过电压继电器、欠电压继电器和零电压继电器。电压继电器在电路图中的符号如图 1–6–7 所示。

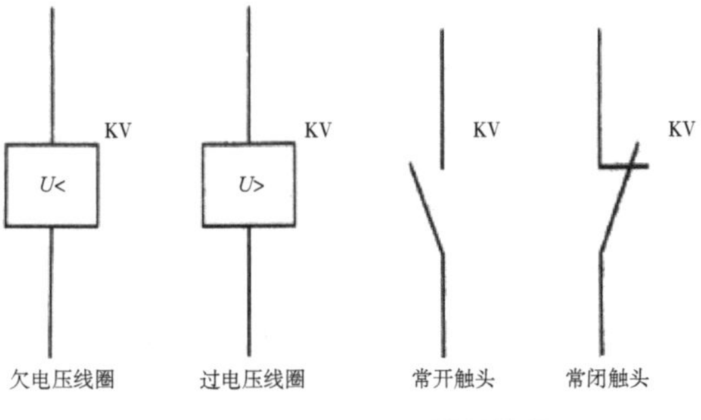

图 1–6–7　电压继电器的符号

过电压继电器是当电压大于其整定值时动作的电压继电器，主要用于对电路或设备的电压保护，其动作电压值可在 $1.05U_N$~$1.20U_N$ 范围内调节。

欠电压继电器是当电压降至某一规定范围就释放的电压继电器。零电压继电器是欠电压继电器的一种特殊形式，是当继电器的电压降至接近消失时才释放的电压继电器。可见，欠电压继电器和零电压继电器在线路正常工作时，铁芯和衔铁是吸合的。当电压降至整定值时，释放触头复位，对电路实现欠压和零压保护，常用的欠电压继电器和零电压继电器为 JT4–P 系列，欠电压继电器的释放电压可在 $0.40U_N$~$0.70U_N$ 范围内整定，零电压继电器释放电压可在 $0.10U_N$~$0.35U_N$ 范围内调节。

（四）时间继电器

时间继电器是一种利用电磁原理或机械动作原理来实现触头延时闭合或分断的自动控制电器。它从得到动作信号到触头动作有一定的延时，因此广泛应用于需要按时间顺序进行控制的电气线路中。

1.JS7–A 系列空气阻尼式时间继电器

空气阻尼式时间继电器的外形如图 1–6–8 所示。

图 1–6–8　空气阻尼式时间继电器的外形

（1）结构

空气阻尼式时间继电器（图 1–6–9）又称气囊式时间继电器，主要由电磁系统、延时机构、触头系统三部分组成。电磁系统为直动式双 E 形电磁铁；延时机构采用气囊式阻尼器；触头系统借用 LX5 型微动开关，包括两对瞬时触头（1 常开 1 常闭）和两对延时触头（1 常开 1 常闭）。根据触头延时的特点，其可分为通电延时动作型和断电延时复位型两种。

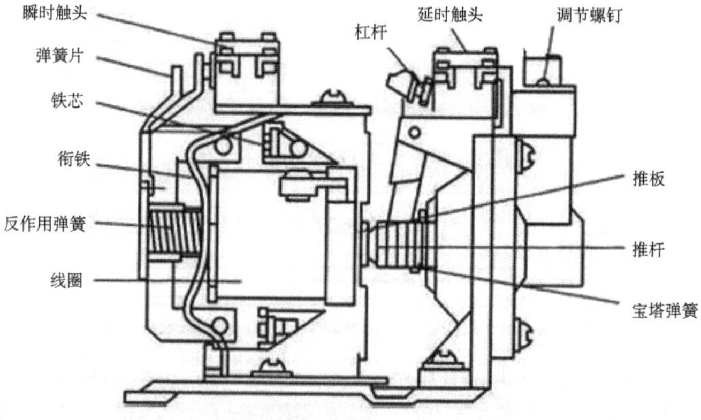

图 1–6–9　空气阻尼式时间继电器的结构

(2)原理

JS7-A 系列空气阻尼式时间继电器是利用气囊中的空气通过小孔节流的原理来获得延时动作的。通电延时动作型时间继电器，当电磁系统的线圈通电时，微动开关 SQ2 的触头瞬时动作，而 SQ1 的触头由于气囊中空气阻尼的作用延时动作，其延时的长短取决于进气的快慢，可通过旋动调节螺钉进行调节，延时范围有 0.4~60 s 和 0.4~180 s 两种。当线圈断电时，微动开关 SQ1 和 SQ2 的触头均瞬时复位。

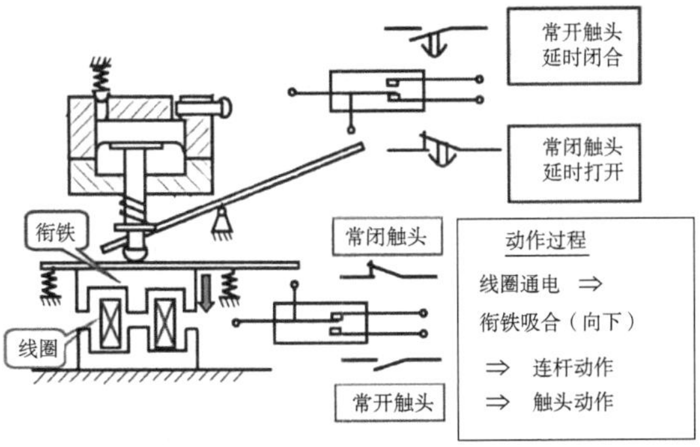

图 1-6-10 空气阻尼式时间继电器的原理

JS7-A 系列断电延时复位型和通电延时动作型时间继电器的组成元件是通用的。通电延时动作型时间继电器的电磁系统旋出固定螺钉后反转 180° 安装，即为断电延时复位型时间继电器。

(3)JS7-A 系列空气阻尼式时间继电器的型号含义

JS7-A 系列空气阻尼式时间继电器的型号含义如图 1-6-11 所示。

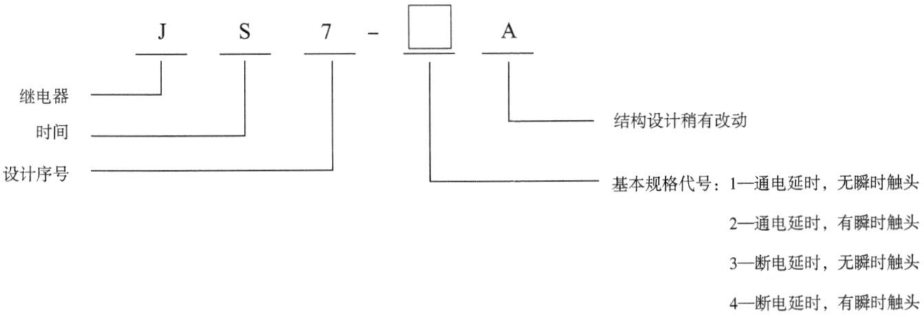

图 1-6-11 JS7-A 系列空气阻尼式时间继电器的型号含义

2.JS20 系列晶体管式时间继电器

晶体管式时间继电器（图 1-6-12）也称为半导体时间继电器或电子式时间继电器，具有机械结构简单、延时范围宽、整定精度高、体积小、耐冲击、耐振动、消耗功率小、调整方便及寿命长等优点，所以其发展迅速，已成为时间继电器的主流产品，应用越来越广泛。

晶体管式时间继电器按结构，可分为阻容式和数字式两类；按延时方式，可分为通电延时型、断电延时型及带瞬动触点的通电延时型三类。

JS20 系列晶体管式时间继电器是全国推广的统一设计产品，适合在交流 50 Hz、电压 380 V 及以下或直流电压 220 V 及以下的控制电路中作为延时元件，按预定的时间接通或分断电路。

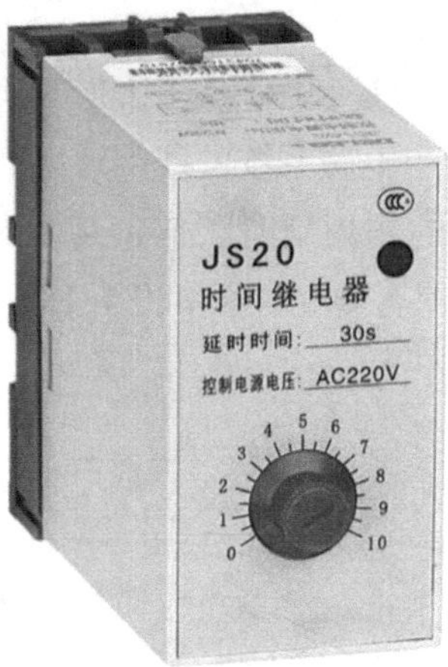

图 1-6-12　JS20 系列晶体管式时间继电器

(1)结构

JS20 系列晶体管式时间继电器具有保护外壳，其内部结构采用印刷电路组件。安装和接线采用专用的插接座，并配有带插脚标记的下标盘作为接线指示，上标盘上还带有发光二极管作为动作指示。结构形式有外接式、装置式和面板式三种。外接式的整定电位器可通过插座用导线接到所需的控制板上；装置式具有带接线端子的胶木底座；面板式采用通用八大脚插座，可直接安装在控制台的面板上，另外还带有延时刻度和延时旋钮供整定延时用。

(2)原理

其由电容器充放电电路、电压鉴别电路、输出和指示电路五部分组成。电源接通后，经整流滤波和稳压后的直流电，经过 RP1 和 R2 向电容器 C2 充电。当场效应管 V6 的栅源电压 U_{gs} 低于夹断电压 U_P 时，V6 截止，因而 V7、V8 也处于截止状态。随着充电的不断进行，电容器 C2 的电位按指数规律上升，当达到 U_{gs} 高于 U_P 时，V6 导通，V7、V8 也导通，继电器 KA 吸合输出延时信号。同时电容器 C2 通过 R8 和 KA 的常开触头放电，为下次动作做好准备。切断电源时，继电器 KA 释放，电路恢复原始状态，等待下次动作。调节 RP1 和 RP2 即可延时时间。电器图如图 1-6-13 所示。

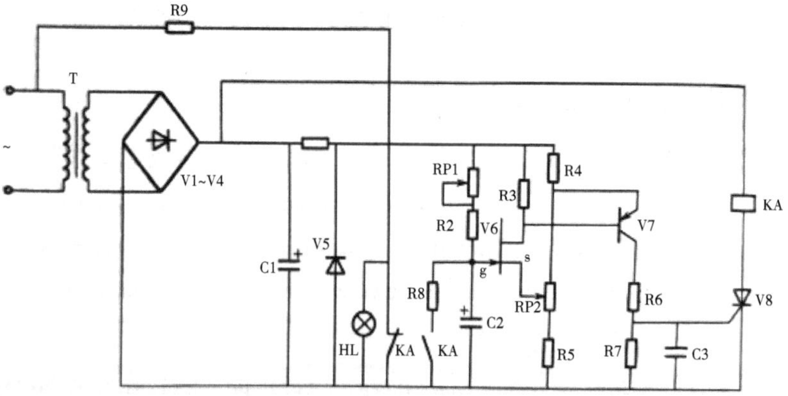

图 1-6-13　电路图

(3)JS20 系列晶体管式时间继电器的型号含义

JS20 系列晶体管式时间继电器的型号含义如图 1-6-14 所示。

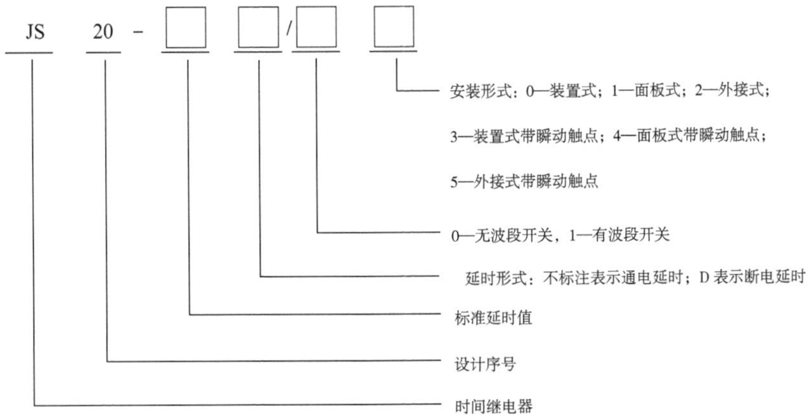

图 1-6-14　JS20 系列晶体管式时间继电器的型号含义

3. 时间继电器的符号

时间继电器在电路中的符号如图 1-6-15 所示。

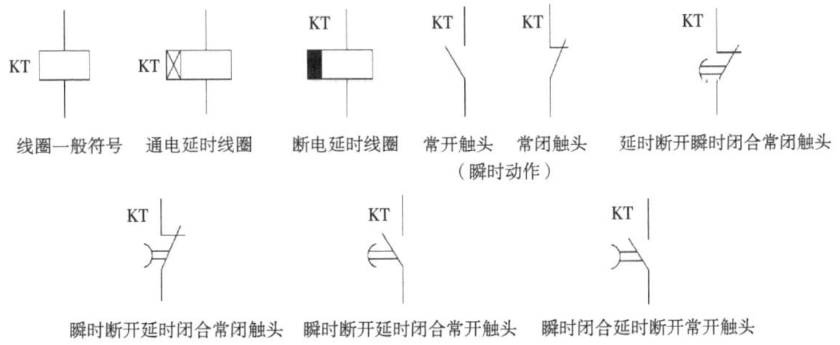

图 1-6-15　时间继电器的符号

（五）热继电器

热继电器是利用流过继电器的电流所产生的热效应而反时限动作的自动保护电器。所谓反时限动作，是指电器的延时动作时间随着通过电路电流的增加而缩短。热继电器主要与接触器配合使用，用作电动机的过载保护、断相保护、电流不平衡运行的保护及其他电气设备发热状态的控制。热继电器外形如图 1-6-16 所示。

图 1-6-16　热继电器外形

热继电器的形式有多种，其中双金属片式应用最多。热继电器按极数划分为单极、两极和三极三种，其中三极又包括带断相保护装置和不带断相保护装置两种；按复位方式划分为自动复位式和手动复位式两种。

1. 结构

两极双金属片式热继电器主要由热元件、传动机构、常闭触头、电流整定按钮、复位按钮和限位螺钉等组成。热继电器的热元件由主双金属片和绕在外面的电阻丝组成。主双金属片由两种热膨胀系数不同的金属片复合而成。结构如图 1–6–17 所示。

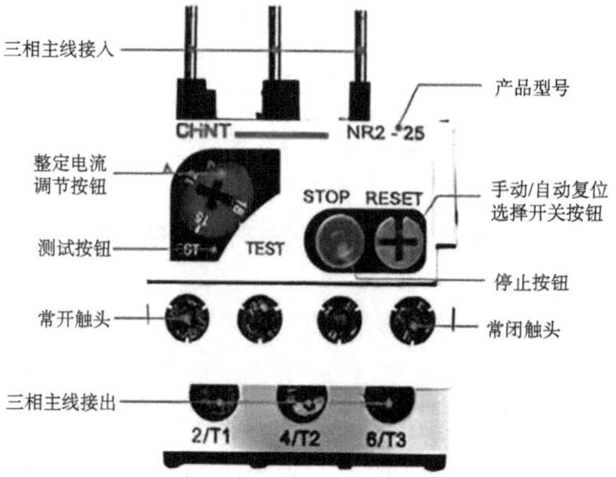

图 1–6–17　结构

2. 原理

当电动机过载时，流过电阻丝的电流超过热继电器的整定电流，电阻丝发热增多，温度升高，两块金属片的热膨胀程度不同而使主双金属片向右弯曲，通过传动机构推动常闭触头断开，分断控制电路，再通过接触器切断主电路，实现对电动机的过载保护。电源切除后，主双金属片逐渐冷却恢复原位。热继电器的复位机构有手动复位和自动复位两种形式，可根据使用要求通过复位调节螺钉来自由调整选择。一般自动复位时间不大于 5 min，手动复位时间不大于 2 min。热继电器工作原理如图 1–6–18 所示。

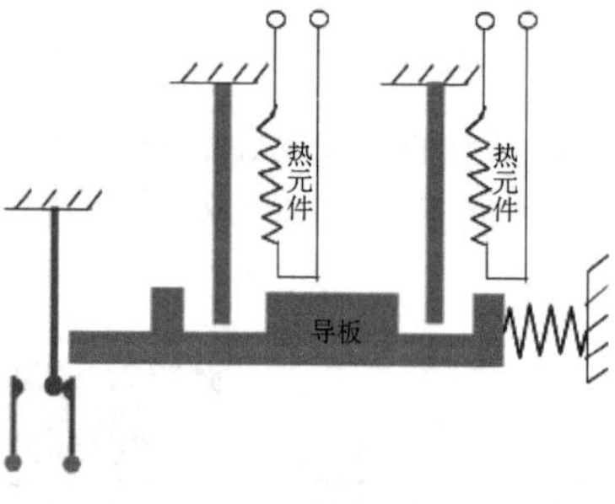

图 1–6–18　热继电器工作原理

热继电器的整定电流是指热继电器连续工作而不动作的最大电流，其大小可通过电流整定旋钮来调节。超过整定电流，热继电器将在负载未达到其允许的过载极限之前动作。

3. 热继电器的型号含义

热继电器的型号含义如图 1-6-19 所示。

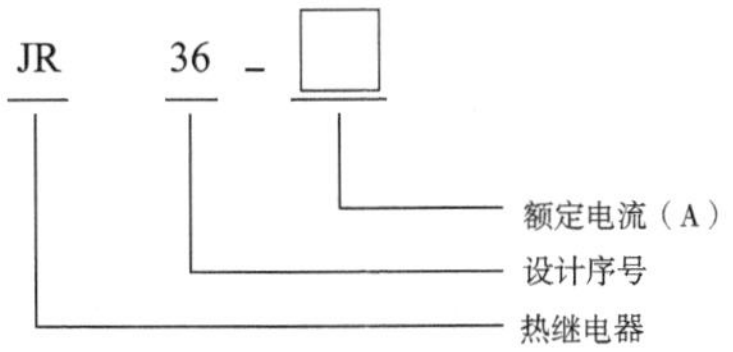

图 1-6-19　热继电器的型号含义

4. 热继电器的符号

热继电器的符号如图 1-6-20 所示。

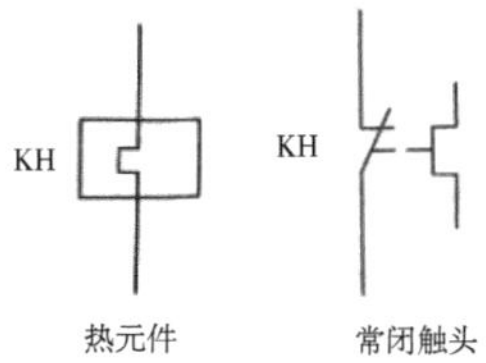

图 1-6-20　热继电器的符号

（六）速度继电器

速度继电器是反映转速和转向的继电器，其主要作用是以速度的快慢为指令信号，与接触器配合实现对电动机的控制，因此也称为反接制动继电器。

机床控制线路中常用的速度继电器有 JY1 型和 JFZ0 型，图 1-6-21 所示为 JY1 型速度继电器的外形。它是利用电磁感应原理的感应式速度继电器，具有结构简单、工作可靠、价格低廉等特点，广泛用于生产机械运动部件的速度控制和反接控制快速停车。下面以 JY1 型速度继电器为例进行介绍。

图 1-6-21　JY1 型速度继电器

1. 速度继电器的结构和原理

（1）结构

JY1 型速度继电器主要由定子、转子、支架、触头及端盖组成。转子由永久磁铁制成，固定在转轴上；定子由硅钢片叠成，并有笼形短路绕组，能做小范围偏转；触头有两组，一组在转子正转时动作，另一组在反转时动作。

(2)原理

JY1 型速度继电器的原理如图 1-6-22 所示。使用时，速度继电器的转轴与电动机的转轴连接在一起。当电动机旋转时，速度继电器的转子随之旋转，在空间产生旋转磁场，旋转磁场在定子绕组上产生感应电动势及感应电流，感应电流又与旋转磁场相互作用产生电磁转矩，使得定子以及与之相连的胶木摆杆偏转。当定子偏转到一定角度时，胶木摆杆推动簧片，使继电器触头动作；当转子转速减小到接近零时，由于定子的电磁转矩减小，胶木摆杆恢复原状态，触头也随即复位。

速度继电器在电路图中的符号如图 1-6-23 所示。

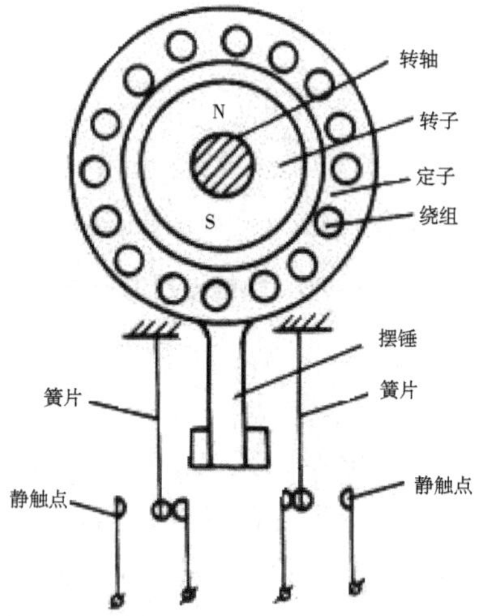

图 1-6-22　速度继电器的结构

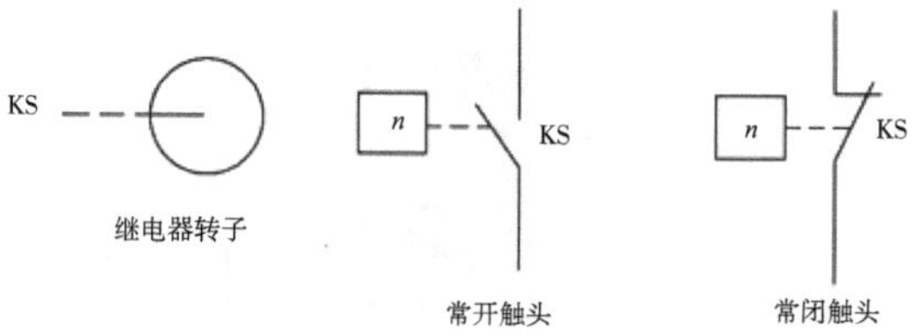

图 1-6-23　速度继电器的符号

2. 速度继电器的技术数据

速度继电器的动作转速一般不低于 100~300 r/min，复位转速在 100 r/min 以下。常用的速度继电器中，JY1 型速度继电器能在 3 000 r/min 以下可靠工作。JFZ0 型速度继电器的两组触头改用两个微动开关，使触头的动作速度不受定子偏转速度的影响，额定工作转速有 300~1 000 r/min（JFZ0–1 型）和 1 000~3 000 r/min（JFZ0–2 型）两种。

（七）压力继电器

压力继电器能根据压力源压力的变化情况决定触头的断开或闭合，以便对机械设备提供某种保护或控制。它经常用于机械设备的液压或气压控制系统中。常用的压力继电器有 YJ 系列、YT-126 系列和 TE52 系列等，图 1-6-24 是 YJ 系列压力继电器的外形。

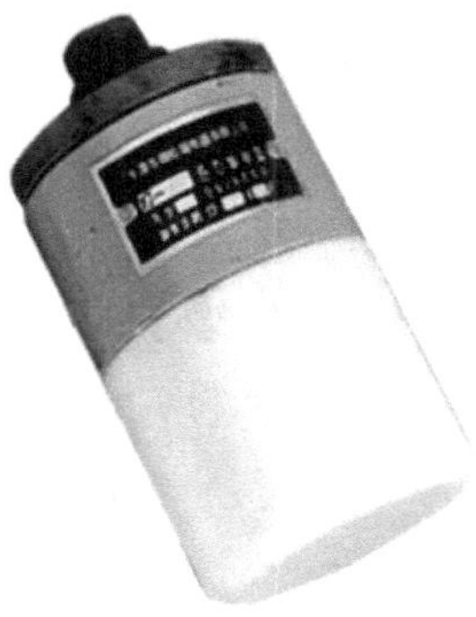

图 1-6-24　YJ 系列压力继电器

压力继电器的结构如图 1-6-25（a）所示，它主要由缓冲器、橡皮膜、顶杆、压缩弹簧、调节螺母和微动开关等组成。微动开关和顶杆的距离一般大于 0.2 mm。压力继电器装在油路（气路、水路）的分支管路中。当管路压力超过整定值时，缓冲器和橡皮膜顶起顶杆，推动微动开关使其触头动作。当管路中的压力低于整定值时，顶杆脱离微动开关使其触头复位。压力继电器在电路图中的符号如图 1-6-25（b）所示。

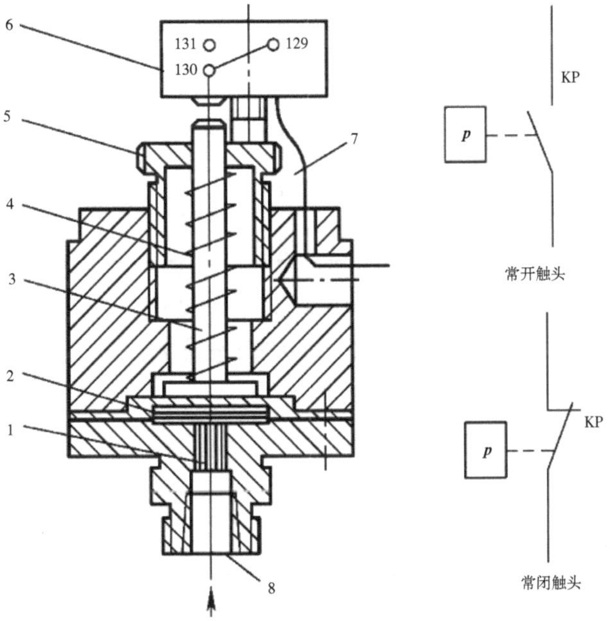

（a）压力继电器的结构　　　　（b）符号

图 1-6-25　压力继电器的结构和符号

注：1—缓冲器；2—橡皮膜；3—顶杆；4—压缩弹簧；5—调节螺母；6—微动开关；7—导线；8—压力油入口。

（八）固态继电器

固态继电器又称半导体继电器，是由半导体器件组成的继电器。它是一种无触点电子开关器件，利用分立元件、集成电路及微电子技术实现控制回路（输入端）与负载回路（输出端）之间的电隔离及信号耦合，没有任何可动部件和触点，具有相当于电磁继电器的功能。

固态继电器是一种四端组件，其中两个为输入端，两个为输出端。其产品封装方式有塑料封装、金属壳全密封封装、环氧树脂灌封及无定型封装等。固态继电器按使用场合可以分成交流型和直流型两大类，它们分别在交流或直流电源情况下作为负载的开关，不能混用。

固态继电器由输入电路、驱动电路和输出电路三部分组成，其电路原理图如图 1–6–26 所示。其中直流式固态继电器内部的开关元件是功率晶体管，交流式固态继电器内部的开关元件是双向晶闸管。

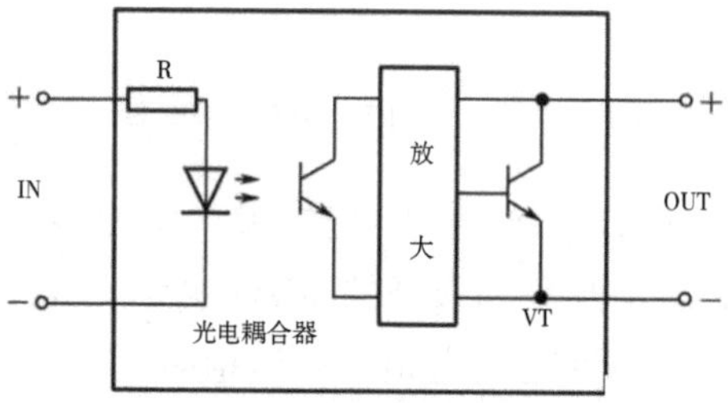

（a）直流式固态继电器电路原理图

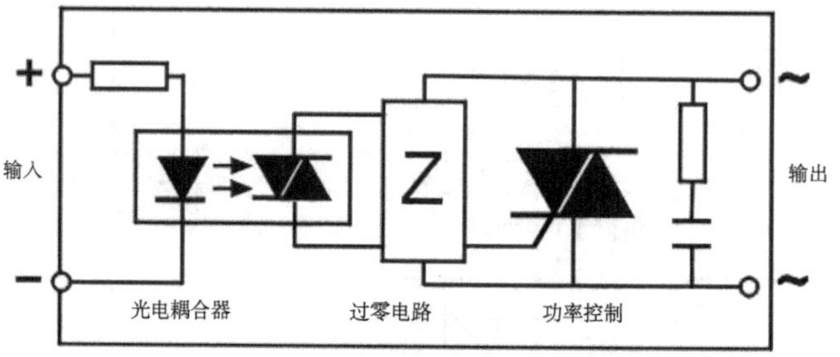

（b）交流式固态继电器电路原理图

图 1–6–26　固态继电器电路原理图

三、任务实训

继电器的识别

（一）工具、仪表及器材

工具、仪表及器材的选用见表 1–6–1。

表 1-6-1 工具、仪表及器材

工具	器件			
	代号	名称	型号	数量
测电笔、螺钉旋具、钢丝钳、尖嘴钳、斜口钳、电工刀等电工常用工具	KA	中间继电器	JZ7	1
	KA	电流继电器	JT4	1
	KV	电压继电器	JT4	1
	KT	时间继电器	JS7-A	1
	KT	时间继电器	JS20	1
	KH	热继电器	JR36	1
	KH	热继电器	3UA	1
	KS	速度继电器	JY1	1
	KP	压力继电器	YJ	1
	KS	固态继电器	JGX	1

（二）实训过程

电器元件在所学继电器系列内选取，选取 2~4 种不同规格。

（1）仔细观察不同型号的继电器，熟悉它们的外形、型号、主要技术参数的意义、结构、工作原理、接入电路的元件及其接线柱等。

（2）根据教师给出的元件清单，从中选出正确的继电器。

（3）识别不同编号的 5~6 件继电器，根据实物写出它们的系列名称、型号、文字符号，画出图形符号，填入表 1-6-2 中，并简述各继电器的主要功能、主要参数和工作原理。

表 1-6-2 继电器的识别

序号	1	2	3	4	5	6
系列名称						
型号						
文字符号						
图形符号						
主要功能						
主要参数						
工作原理						

（4）将热继电器的动作值整定至规定值。

（5）检查热继电器的复位方式，并将它调整到手动复位式。

（6）将时间继电器的动作值整定至规定值。

（三）注意事项

（1）训练过程中注意不得损坏继电器。

（2）JT4 系列电压继电器与电流继电器的外形和结构相似，但线圈不同，注意区别。

（3）热继电器和时间继电器的整定值根据继电器的规格在现场给出。

（四）评分标准

评分标准见表 1–6–3。

表 1–6–3　评分标准

考核项目	考核内容				配分	得分
继电器的识别	按清单选出继电器				15 分	
	正确书写名称符号				15 分	
	正确书写型号				15 分	
	正确写明作用、参数				15 分	
继电器的整定	整定热继电器的动作值				10 分	
	调节热继电器复位方式				10 分	
	整定时间继电器的动作值				10 分	
安全文明生产	严格遵守安全文明生产规程，操作规范，遵守纪律				5 分	
团队合作	团队协作好，工作整洁规范				5 分	
开始时间		结束时间		实际时间		成绩	

热继电器的校验

（一）工具、仪表及器材

1. 工具

螺钉旋具、电工刀、尖嘴钳等。

2. 仪表

交流电流表（5 A）、秒表。

3. 器材

器材见表 1–6–4。

表 1-6-4　元件明细表

工具	仪表	器件			
		代号	名称	型号	数量
测电笔、螺钉旋具、钢丝钳、尖嘴钳、斜口钳、电工刀等电工常用工具	交流电流表(5 A)、秒表	KH	热继电器	JR36-20、热元件 16 A	1
		TC1	接触式调压器	TDGC2-5/0.5	1
		TC2	小型变压器	DG-5/0.5	1
		QS	开启式负荷开关	HK1-30/2	1
		TA	电流互感器	HL24、100/5 A	1
		HL	指示灯	220 V、15 W	1
		—	控制板	500 mm × 400 mm × 30 mm	1
		—	连接导线	BVR 4.0 mm^2、BVR 1.5 mm^2	若干

（二）实训过程

1. 观察热继电器的结构和原理

将热继电器的后绝缘盖板卸下，仔细观察它的结构，指出其热元件、传动机构、电流整定装置、复位按钮及常闭触头的位置，叙述它们的作用以及热继电器的工作原理。

2. 热继电器的校验和调整

热继电器更换热元件后应进行校验和调整，方法如下：

（1）按图 1-6-27 所示连接好校验电路。将调压变压器的输出调到零位置。将热继电器置于手动复位状态，并将整定值旋钮置于额定值处。

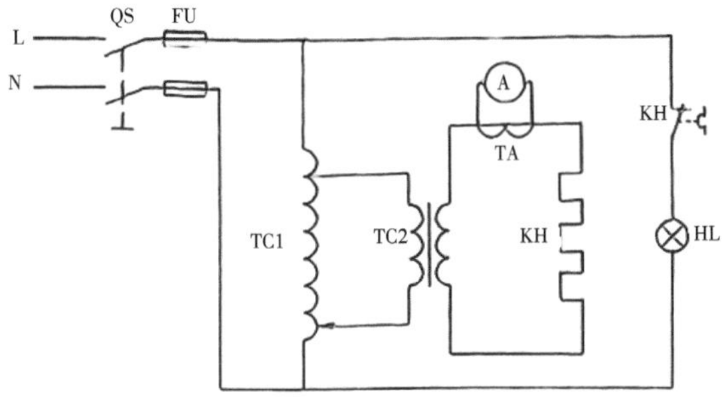

图 1-6-27　热继电器校验电路图

（2）经教师审查同意后，合上电源开关 QS，指示灯 HL 亮。

（3）将调压变压器输出电压从零开始升高，使热继电器通过的电流升至额定值，1 h 内热继电器应不动作；若 1 h 内热继电器动作，则应将调节旋钮向整定值大的方向旋动。

（4）接着将电流升至 1.2 倍额定电流，热继电器应在 20 min 内动作，指示灯 HL 熄灭；若在 20 min 内不动作，则应将调节旋钮向整定值小的方向旋动。

（5）将电流降至零，待热继电器冷却并手动复位后，再调升电流至 1.5 倍额定值，热继电器应在 2 min 内动作。

（6）再将电流降至零，待热继电器冷却并复位后，快速调升电流至 6.0 倍额定值，分断 QS 随即合上，其动作时间应大于 5 s。

3. 复位方式的调整

热继电器出厂时，一般都调到手动复位。如果需要自动复位，可将复位调节螺钉顺时针旋进。自动复位时，应在时间继电器动作后 5 min 内自动复位；手动复位时，在动作 2 min 后，按下手动复位按钮，热继电器应复位。

（三）注意事项

1. 校验时的环境温度应尽量接近工作环境温度，连接导线长度一般不应过小，且导线的横截面积与使用时的实际情况相同。

2. 通电校验时，必须将热继电器、电源开关等固定在校验板上，并有教师监护，保证用电安全。

3. 电流互感器通电过程中，电流表回路不可开路。

（四）评分标准

评分标准见表 1–6–5。

表 1–6–5　评分标准

考核项目	考核内容					配分	得分
电器的结构	准确指出热继电器各部件的位置					40 分	
	说出各部件的作用						
热继电器校验	根据图纸接线					40 分	
	电流互感器量程选择正确						
	操作步骤正确						
	电流表调零或读数准确						
	调整动作值						
复位方式的调整	调整复位方式正确					10 分	
安全文明生产	严格遵守安全文明生产规程，操作规范，遵守纪律					5 分	
团队合作	团队协作好，工作整洁规范					5 分	
开始时间		结束时间		实际时间		成绩	

时间继电器的检修与校验

（一）工具及器材

1. 工具

电工常用工具、电烙铁等。

2. 器材

实训所用器材见表 1–6–6。

表 1–6–6　器材明细表

代号	名称	型号	规格	数量
KT	时间继电器	JS7–2A	线圈电压 380 V	1
QS	组合开关	HZ10–25/3	3 极、25 A	1
FU	熔断器	RL1–15/2	500 V、15 A、配熔体 2 A	1
SB1、SB2	按钮	LA4–3H	保护式、按钮数 3	1
HL	指示灯	—	220 V、15 W	3
—	控制板	—	500 mm × 400 mm × 20 mm	1
—	导线	BVR 1.0 mm^2	1.0 mm^2	若干

（二）实训过程

1. 整修 JS–2A 型时间继电器的触头

（1）松下延时或瞬时微动开关的紧固螺钉，取下微动开关。

（2）均匀用力慢慢撬开并取下微动开关盖板。

（3）小心取下动触头及附件，要防止用力过猛而丢失小弹簧和薄垫片。

（4）进行触头整修。整修时，不允许用砂纸或其他研磨材料，而应使用锋利的刀刃或细锉修平，然后用干净布擦净，不得用手指直接接触触头或用油类润滑，以免磨损触头。整修后的触头应做到接触良好。若无法修复应调换新触头。

（5）按拆卸的逆顺序进行装配。

（6）手动检查微动开关的分合是否为瞬间动作，触头接触是否良好。

2.JS7–2A 型改装成 JS7–4A 型

（1）松开线圈支架紧固螺钉，取下线圈和铁芯总成部件。

（2）将总成部件沿水平方向旋转 180° 后，重新旋上紧固螺钉。

（3）观察延时触头和瞬时触头的动作情况，将其调整在最佳位置上。调整延时触头时，可旋松线圈和铁芯总成部件的安装螺钉，向上或向下移动后再旋紧。调整瞬时触头时，可松开安装在瞬时微动开关底板上的螺钉，将微动开关向上或向下移动后再旋紧。

（4）旋紧各安装螺钉，进行手动检查，若达不到要求应重新调整。

3. 通电校验

（1）将整修和装配好的时间继电器按图 1–6–28 所示连入线路，进行通电校验。

（2）通电校验要做到一次通电校验合格。通电校验合格的标准为：在 1 min 内通电频率不少于 10 次，数到各触点工作良好，吸合时无噪声，铁芯释放无延缓，并且每次动作的延时时间一致。

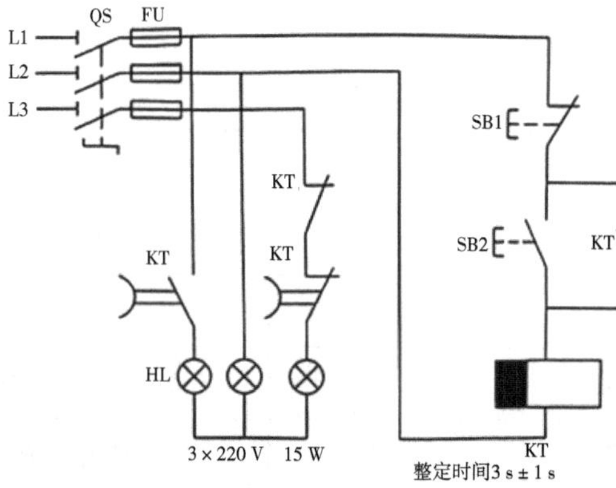

图 1–6–28　时间继电器校验电路

（三）注意事项

1. 拆卸时应备有盛放零件的容器，避免零件丢失。

2. 改装过程中，不允许硬撬，以防止损坏电器。

3. 在进行校验接线时，要注意各接线端子上线头间的距离，防止产生相间短路故障。

4. 通电校验时，必须将时间继电器紧固在控制板上，并可靠接地，且有教师监护，以保证用电安全。

5. 改装后的时间继电器，在使用时要将原来的安装位置水平旋转 180°，使衔铁释放时的运动方向始终保持垂直向下。

（四）评分标准

评分标准见表 1–6–7。

表 1–6–7　评分标准

考核项目	考核内容	配分	得分
整修和改装	未丢失或损坏零件	40 分	
	改装正确或未扩大故障		
	整修和改装步骤或方法正确		
	整修和改装熟练		
	整修和改装后能够装配、能够通电		

续表

<table>
<tr><th>考核项目</th><th colspan="5">考核内容</th><th>配分</th><th>得分</th></tr>
<tr><td rowspan="6">通电校验</td><td colspan="5">能通电校验</td><td rowspan="6">50 分</td><td rowspan="6"></td></tr>
<tr><td colspan="5">校验线路正确</td></tr>
<tr><td colspan="5">吸合时无噪声</td></tr>
<tr><td colspan="5">铁芯释放快速</td></tr>
<tr><td colspan="5">延时时间误差</td></tr>
<tr><td colspan="5">安装元件牢固，未漏接接地线</td></tr>
<tr><td>安全文明生产</td><td colspan="5">严格遵守安全文明生产规程，操作规范，遵守纪律</td><td>5 分</td><td></td></tr>
<tr><td>团队合作</td><td colspan="5">团队协作好，工作整洁规范</td><td>5 分</td><td></td></tr>
<tr><td>开始时间</td><td></td><td>结束时间</td><td></td><td>实际时间</td><td></td><td>成绩</td><td></td></tr>
</table>

四、知识测评

（一）选择题

1. 当其他电器的触头数或触点容量不够时，可借助（　　）作为中间转换用，来控制多个元件或回路。

A. 热继电器　　B. 电压继电器　　C. 中间继电器　　D. 电流继电器

2. 通过继电器的电流超过预定值就动作的继电器称为（　　）。

A. 欠电压继电器　　B. 过电压继电器　　C. 过电流继电器　　D. 欠电流继电器

3. 零电压继电器是（　　）的一种特殊形式。

A. 欠电压继电器　　B. 过电压继电器　　C. 过电流继电器　　D. 速度继电器

4. 热继电器中主双金属片的弯曲主要是由于两种金属材料的（　　）不同。

A. 机械强度　　B. 导电能力　　C. 热膨胀系数

（二）填空题

1. 中间继电器是一种根据________信号的变化，来接通或分断________电流电路，实现自动控制和保护电力拖动装置的电路。

2. 中间继电器又称________式继电器，其触头对数________，且没有________之分，各对触头允许通过的电流大小相同，多数为________A。

3. 热继电器使用时，需要将________串联在主电路中，________串联在控制电路中。

4. 固态继电器又称为________继电器，它是一种四端组件，其中两个为________，两个为________。

（三）简答题

1. 什么是电压继电器？电压继电器分为哪几种？它们的触头在什么情况下闭合？在什么情况下释放？

2. 什么是时间继电器？常用的时间继电器有哪几种？

3. 什么是热继电器？双金属片式热继电器主要由哪几部分组成？

项 目 二

电动机的基本控制线路及其安装、调试与维修

任务一　三相笼型异步电动机的手动正转控制线路

一、任务目标

（一）知识目标

掌握手动正转控制线路的构成、工作原理。

（二）技能目标

正确熟练地进行手动正转控制线路的安装。

（三）素养目标

能够通过学习资料的整理和总结，培养良好的工作习惯和团队合作精神。

二、相关知识

（一）手动正转控制线路的工作原理及其电路图

正转控制线路只能控制电动机单向启动和停止，并驱动生产机械的运动部件向一个方向旋转或移动。手动正转控制线路用于通过低压开关启动和停止电动机。工厂常用于控制三相风机、磨轮机等设备。

图 2–1–1（a）所示的砂轮机是用低压断路器来控制的。使用时，向上扳动低压断路器的开关，砂轮机开始转动进行磨刀；使用完后，向下扳动低压断路器的开关，砂轮低压停转停止磨刀。当线路出现短路故障时，低压断路器会自动跳闸断开电路，起到短路保护作用。

磨床的控制线路非常简单，磨床的控制和保护由低压断路器实现，并采用了电气元件。然而，绘制出在磨床控制线路中使用的电气设备的实际数字将是非常麻烦的。因此，绘制电路图时，人们用电气图形符号表示这些电气设备，旁边用电器的文本符号，以便分析它们的功能、线路的构成以及工作原理。

电路图是根据生产机械运动形式以及对电气控制系统的要求，采用国家统一的电气图形符号和文字符号，根据电气设备和电器的工作顺序，详细表示电路、设备或成套装置的所有基本组成和连接关系，不涉及电气元件的结构、材料选择、安装位置和实际接线方法的一种简图。

图 2–1–1（b）、（c）所示分别为图 2–1–1（a）控制线路的模拟盘和电路图。由图 2–1–1（c）很容易看出砂轮机控制线路是由三相电源 L1、L2、L3，低压熔断器 FU，低压断路器 QF 和三相交流异步电动机 M 构成的。低压断路器集控制、保护于一身，电流从三相电源经低压熔断器、低压断路器流入电动机，电动机则带动砂轮机运转。

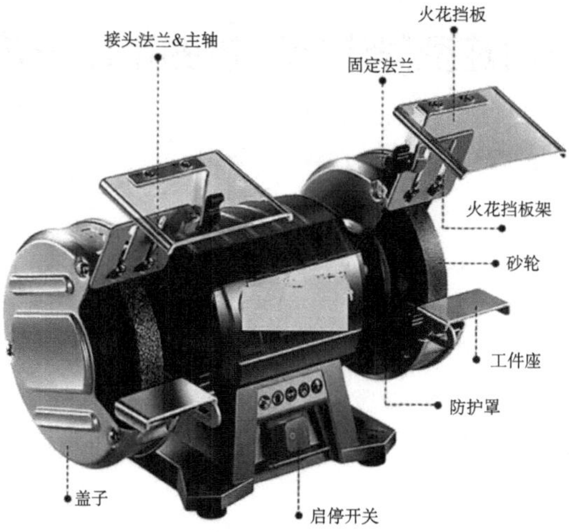

（a）砂轮机

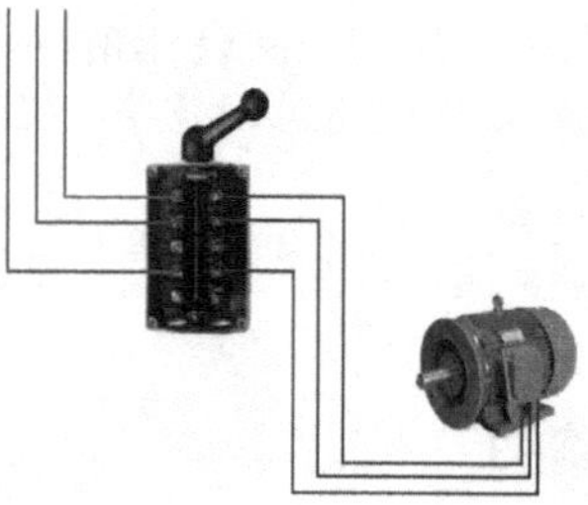

（b）模拟盘

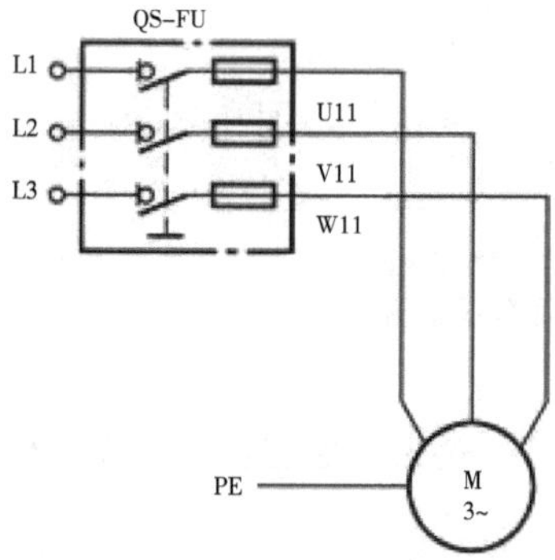

（c）电路图

图 2–1–1　用低压断路器控制的手动正转控制线路

图形符号的绘制尺寸没有做统一规定，实际绘图时可按根据实际情况来选用便于理解的尺寸进行绘制，图形符号一般水平或垂直放置。

在电路图中，连接线又分为导线、电缆线、信号通路及元器件、设备的引线等。一般应采用实线连接线绘制电气图。虚线一般用于无线电信号通路，并且不必要的连接线应尽量少用，避免线条交叉和弯折。小黑圆点用于表示有直接电联系的交叉导线的连接点；交叉跨越导线则不画小黑圆点，用于表示无直接电联系，如图 2–1–2 所示。

（a）交叉连接　　（b）交叉跨越

图 2–1–2　连接线的交叉连接与交叉跨越

由图 2–1–1（c）所示的电路图可以看出，细实线画成的水平线用于表示电源电路，三相交流电源的相序符号 L1、L2、L3 自上而下依次在电源线的左端进行标注。控制线路的电能由三相交流电源引入。流过电动机的是工作电流，控制线路的主电路通常电流较大，应垂直电源电路画出。电路图中的各个接点用字母或数字编号，从电源开始为主电路，经电源开关或低压熔断器的出线端按相序依次编号为 U11、V11、W11。单台三相交流电动机（或设备）的三根引出线，按相序依次编号为 U、V、W。

各种控制线路的工作原理，常使用文字符号和箭头及少量的文字说明，来表达线路的工作原理。根据图 2-1-1（c）所示的电路图，线路的工作原理可叙述为：

启动：合上低压断路器 QF →电动机 M 通电，电动机开始转动。

停止：断开低压断路器 QF →电动机 M 断电，电动机停止转动。

图 2-1-3 表示的是用负荷开关和组合开关控制的手动正转控制线路的电路图。在如图所示线路中，接通、断开电源是由负荷开关和组合开关控制的，短路保护由低压熔断器控制。请自行分析线路的工作原理。

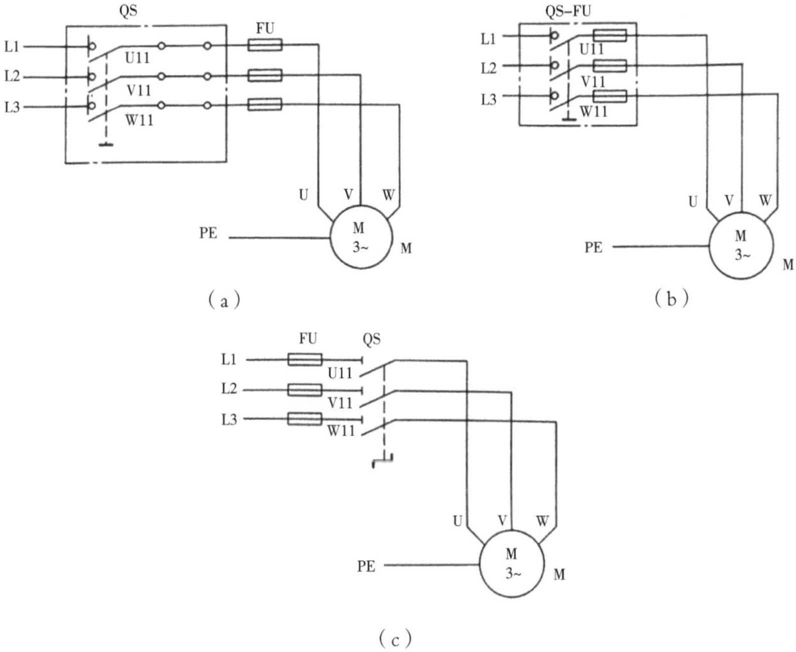

图 2-1-3　负荷开关和组合开关控制的手动正转控制线路的电路图

注：（a）用开启式负荷开关控制；（b）用封闭式负荷开关控制；（c）用组合开关控制。

（二）手动正转控制线路的布置图和接线图

根据电器元件在控制板上的实际安装位置，采用简化的外形符号（如正方形、矩形、圆形等）绘制的一种简图叫作布置图。它主要用于电器元件的布置和安装，而不表达各电器的具体结构、作用、接线情况以及工作原理。图 2-1-4 所示为前述四个手动正转控制线路的布置图。

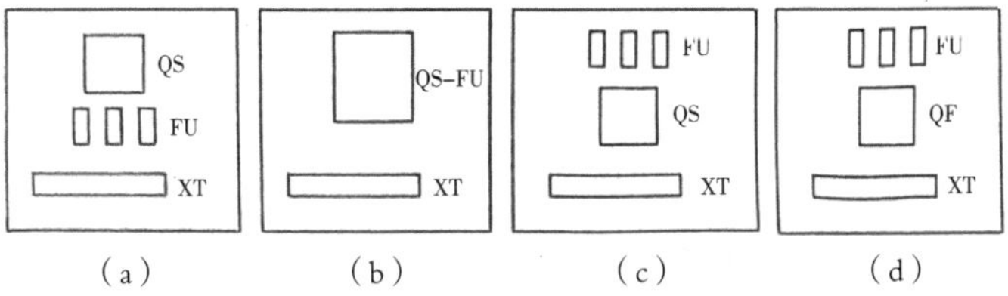

图 2-1-4　手动正转控制线路的布置图

注：（a）用开启式负荷开关控制；（b）用封闭式负荷开关控制；

（c）用组合开关控制；（d）用低压断路器控制。

接线图是根据电气设备和电器元件的实际位置和安装情况绘制的，它不明显表示电器动作原理和电器元件的控制关系，只用来表示电气设备和电器元件的位置、配线方式和接线方式。图 2-1-5 所示为前述四个手动正转控制线路的接线图。

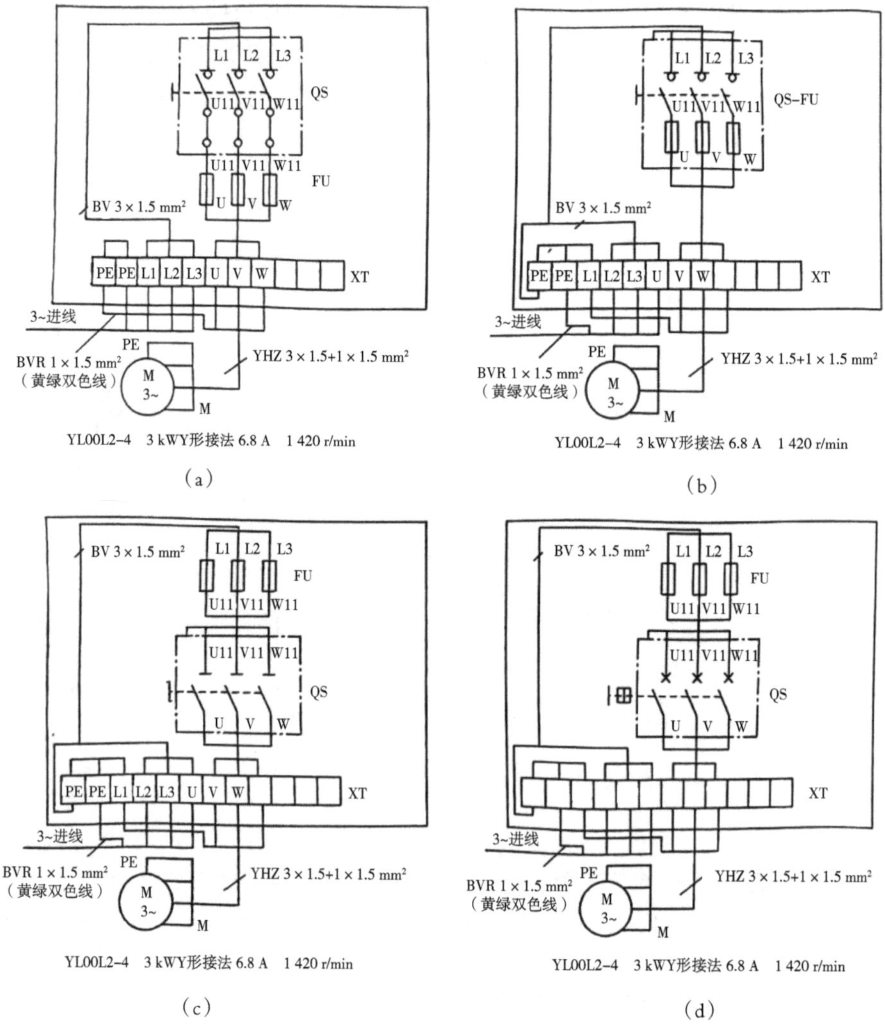

图 2-1-5 手动正转控制线路的接线图

注：（a）用开启式负荷开关控制；（b）用封闭式负荷开关控制；（c）用组合开关控制；（d）用低压断路器控制。

在实际工作中，电路图、布置图和接线图要结合起来使用。

三、任务实训

手动正转控制线路的安装与检修

（一）工具、仪表及器材

工具、仪表及器材的选用见表 2-1-1。

表 2-1-1　工具、仪表及器材

工具		仪表	器材				
			代号	名称	型号	规格	数量
测电笔、螺钉旋具、尖嘴钳、斜口钳、剥线钳、电工刀等电工常用工具	冲击钻、弯管器、套螺纹扳手等线路安装工具	ZC25-3 型兆欧表（500 V、0~500 MΩ）、MG3-1 型钳形电流表、MF47 型万用表	M	三相笼型异步电动机	Y100L2-4	3 kW、380 V、6.8 A、Y 形接法、1 420 r/min	1
			QS	开启式负荷开关	HK1-30/3	3 极、380 V、30 A、熔体直连	1
			QS	封闭式负荷开关	HH4-30/3	3 极、380 V、30 A、配熔体 20 A	1
			QS	组合开关	HZ10-25/3	3 极、380 V、25 A	1
			QF	低压断路器	DZ5-20/330	3 极、复式脱扣器、380 V、20 A、整定 10 A	1
			FU	插入式熔断器	RC1A-30/20	80 V、30 A、配熔体 20 A	3
			—	控制板	—	500 mm × 400 mm × 20 mm	1
			—	动力电路线	—	BVR 1.5 mm^2（黑色）	—
			—	接地线	—	BVR 1.5 mm^2（黄绿双色）	—
			—	电线管、管夹	—	φ16 mm	—
			—	木螺钉	—	φ5 mm × 60 mm	—
			—	膨胀螺栓	—	—	—
			—	紧固体和编码套管	—	—	—

对工具、仪表及器材的质检要求包括：

（1）选配的工具、仪表、器材等应通过电动机规格检验。

（2）电器元件外观应完整无损，附件、备件齐全。

（3）电器元件及电动机的技术数据用万用表、兆欧表检测。

（二）实训过程

1. 安装步骤及工艺要求

电路图 2-1-1 和图 2-1-3 所示四种手动正转控制线路，安装步骤及工艺要求见表 2-1-2。

表 2-1-2　安装步骤及工艺要求

序号	安装步骤	工艺要求
1	根据图 2-1-1（c）和图 2-1-3 所示电路图绘制布置图（图 2-1-4）和接线图（图 2-1-5），并按要求在控制板上安装除电动机以外的电器元件	（1）按布置图和元件外形尺寸在控制板上画线，确定各电器的安装位置后安装电器元件，并在对应位置标注醒目的文字符号； （2）电器安装应牢固，布线应合理，要符合工艺要求； （3）在每根剥去绝缘层导线的两端套上编码套管
2	根据电动机位置标画线路走向、电线管和控制板支持点的位置，做好敷设和支持准备	—
3	敷设电线管并穿线	（1）电线管的施工应按工艺标准要求进行，整个管路应当连成整体并且可靠接地； （2）管内导线不得有接头，导线穿管时不要损伤绝缘层，导线穿好后管口应套上护圈
4	安装电动机和控制板	（1）为保证操作安全，控制开关的安装位置必须在操作时能看到电动机的地方； （2）电动机必须牢固固定在座墩或底座上。按对角线均匀受力的方法紧固螺栓，并依次交错逐步拧紧
5	在控制开关至电动机之间用导线进行连接	—
6	连接接地线	按要求必须将电动机和控制开关的金属外壳以及连成一体的线管接到保护接地专用端子上
7	先进行安装质量检查，然后用绝缘电阻测量	用兆欧表检查线路的绝缘电阻的阻值，应不小于 1 MΩ
8	控制开关处接入三相电源	—
9	经教师检查合格后进行通电试车	—

2. 检修手动正转控制线路

检修低压断路器控制的手动正转控制线路。检修时，万用表的选择开关拨至交流电压 500 V 挡。

手动正转控制线路常见故障及维修方法见表 2-1-3。

表 2-1-3　手动正转控制线路常见故障及维修方法

常见故障	故障原因	维修方法
电动机不能启动或电动机缺相	熔断器熔体熔断	查明原因排除后更换熔体
	组合开关或低压断路器操作失控	拆装组合开关或低压断路器，并修复
	负荷开关或组合开关动、静触头接触不良	对触头进行修整

3. 安装注意事项

（1）敷设方式和管路长度用来决定导线的数量，导线的总截面用来确定线管的管径，线管有效截面的 40% 应大于导线的总截面，其最小标称直径为 12 mm。

（2）另设开车信号装置的情况：当控制开关远离电动机而看不到电动机的运转情况。

（3）必须按照铭牌上的规定，接通电动机使用的电源电压和绕组。

（4）接线时，必须按照先接负载端，后接电源端；先接接地线，后接三相电源线的顺序进行。

（5）通电试车时，必须先空载点动后再连续运行。若空载运行正常，接上负载运行后发现异常情况应立即断电检查。

（6）安装开启式负荷开关时，应将开关的熔体部分用导线直接连接，并在出线端另外装低压熔断器作为短路保护；安装组合开关和低压断路器时，应在电源进线侧加装低压熔断器。

四、任务评价

评分标准见表 2–1–4。

表 2–1–4　评分标准

考核项目	考核内容	配分	得分
选用工具、仪表及器材	工具、仪表选择	5 分	
	电器元件型号和规格选择		
	正确选择元件数量，写全型号规格		
装前检查	电器元件检查	5 分	
	电器布置合理		
	元件安装牢固		
	元件安装整齐、匀称、合理		
	未损坏元件		
安装布线	按电路图接线	30 分	
	布线符合要求		
	接点无松动、无露铜过长、无反圈等		
	未损伤导线绝缘层或线芯		
	编码套管安装正确		
	接地线安装正确		
故障分析	标注电路故障范围	10 分	
	故障分析、排除故障思路正确		

续表

考核项目	考核内容					配分	得分
排除故障	停电、验电					20 分	
	工具及仪表使用正确						
	排除故障的顺序正确						
	能查出故障点						
	能查出故障点，且能排除						
	产生新的故障（能排除或已经排除）						
	未损坏电动机						
	未损坏电器元件，或排除故障方法正确						
	热继电器整定且整定正确						
	熔体规格选用恰当						
通电试车	第一次试车成功					20 分	
	第二次试车成功						
	第三次试车成功						
安全文明生产	严格遵守安全文明生产规程，操作规范，遵守纪律					5 分	
团队合作	团队协作好，工作规范整洁					5 分	
开始时间		结束时间		实际时间		成绩	

五、知识测评

1. 什么是电路图？
2. 什么是布置图和接线图？
3. 电路图、布置图和接线图在功能上有什么区别？

任务二　三相笼型异步电动机的点动正转控制线路

一、任务目标

（一）知识目标

1. 掌握点动正转控制线路的构成、工作原理。
2. 正确熟练地进行点动正转控制线路的安装。

（二）技能目标

1. 掌握绘制、识读电路图、布置图和接线图的原则。
2. 掌握点动正转控制线路的构成、工作原理，并能正确熟练地进行安装。

（三）素养目标

能够通过学习资料的整理和总结，培养良好的工作习惯和团队合作精神。

二、相关知识

（一）点动正转控制线路

手动正转控制线路的优点是所用电器元件少，线路简单；缺点是操作劳动强度大，安全性差，且不便于实现远距离控制和自动控制。

图 2-2-1 所示为 CA6140 型车床，操作人员需要快速移动车床刀架时，只需要按下按钮，刀架就能快速移动；松开按钮，刀架立即停止移动。刀架的快速移动采用的是一种点动控制线路，它是通过主令电器—按钮和自动控制电器—接触器来实现线路自动控制的。

按下按钮电动机就得电运转，松开按钮电动机就失电停转的控制方法，称为点动控制。

图 2-2-1　CA6140 型车床

图 2-2-2 所示为点动正转控制线路，它是用按钮、接触器来控制电动机运转的最简单的正转控制线路。

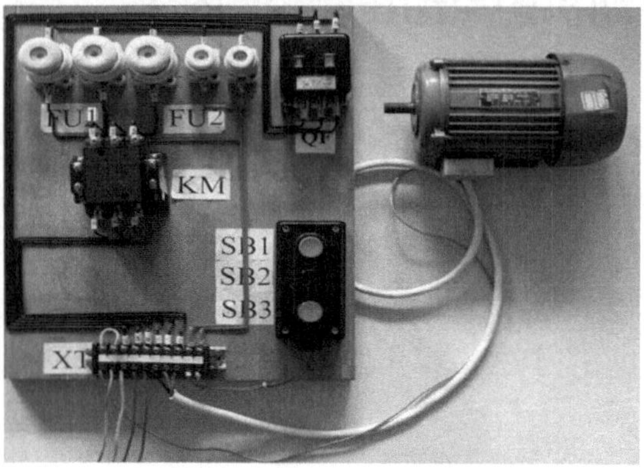

（a）点动正转控制线路模拟配电盘

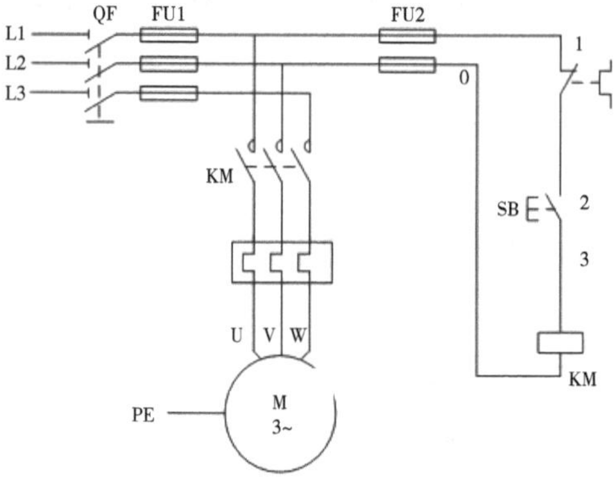

（b）点动正转控制线路电路图

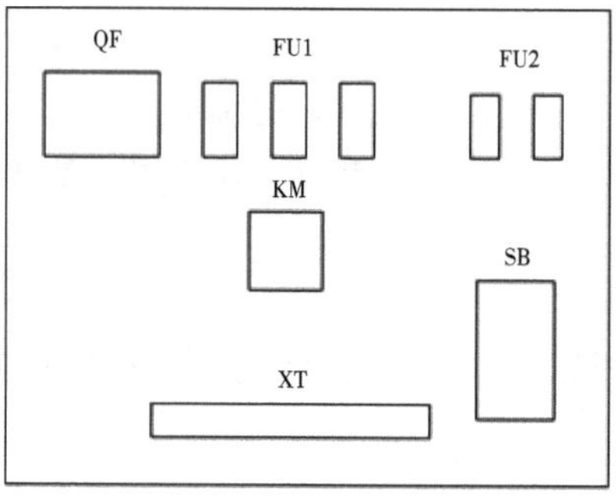

（c）点动正转控制线路布置图

图 2-2-2　点动正转控制线路模拟配电盘图、电路图、布置图

由图 2-2-2（b）所示的电路图可以看出，三相交流电源 L1、L2、L3 与低压断路器 QF 组成电源电路；低压熔断器 FU1、接触器 KM 主触头和三相异步电动机 M 构成主电路；低压熔断器 FU2、启动按钮 SB 和接触器 KM 的线圈组成用于控制主电路工作状态的控制电路。显然，合上低压断路器 QF，电动机 M 并不能得电启动运转，只有再按下启动按钮 SB，使接触器 KM 线圈通电，KM 主触头闭合，才能使电动机 M 得电启动运转。若松开 SB，KM 线圈失电，其主触头断开复位，电动机失电停转。可见，电动机的运转不再由低压开关手动直接控制，而是由按钮、接触器配合实现自动控制。

在点动正转控制线路中，低压断路器 QF 作为电源隔离开关；低压熔断器 FU1、FU2 分别作为主电路、控制电路的短路保护；启动按钮 SB 控制接触器 KM 的线圈得电与失电；接触器 KM 的主触头控制电动机 M 的启动和停止。

根据电路图，点动正转控制线路的工作原理可叙述为：

先合上电源开关 QF。

启动：按下 SB → KM 线圈得电→ KM 主触头闭合→电动机 M 启动运转。

停止：松开 SB → KM 线圈失电→ KM 主触头断开→电动机 M 失电停转。

停止使用时，断开电源开关 QF。

电动葫芦的起重电动机和车床拖板箱的快速移动电动机都采用的是点动控制方式。

（二）绘制、识读电路图、布置图和接线图的原则

1. 电路图

电路图能充分表达电气设备和电器的用途、作用及线路的工作原理，是电气线路安装、调试和维修的理论依据。

绘制、识读电路图应遵循以下原则：

（1）电路图一般分电源电路、主电路和辅助电路三部分

①电源电路一般画成水平线，三相交流电源相序 L1、L2、L3 自上而下依次画出，若有中线 N 和保护地线 PE，则应依次画在相线之下。直流电源的“+”端在上、“-”端在下画出。电源开关要水平画出。

②主电路是指受电的动力装置及控制、保护电器的支路等，是电源向负载提供电能的电路，它由主熔断器、接触器的主触头、热继电器的热元件以及电动机等组成。在图纸上，主电路垂直于电源电路绘于电路图的左侧，由于通过的是电动机的工作电流，电流比较大，也可用粗实线表示。

③辅助电路一般包括控制主电路工作状态的控制电路、显示主电路工作状态的指示电路、提供机床设备局部照明的照明电路等。其一般由主令电器的触头、接触器的线圈和辅助触头、继电器的线圈和触头、仪表、指示灯及照明灯等组成。通常，辅助电路通过的电流较小，一般不超过 5 A。

辅助电路要跨接在两相电源之间，一般按照控制电路、指示电路和照明电路的顺序，细实线依次垂直画在主电路的右侧，并且耗能元件（如接触器和继电器的线圈、指示照明灯等）要画在电路图的下方，与下边电源线相连，而电器的触头要画在耗能元件与上边电源线之间。为读图方便，一般应按照自左至右、自上而下的排列来表示操作顺序。

在电路图中，电器元件不画实际的外形图，而应采用国家统一规定的电气图形符号表示。同一电器的各元件不按它们的实际位置画在一起，而是按其在线路中所起的作用分别再画在不同的电路中，但它们的动作是相互关联的，必须用同一文字符号标注。若同一电路中，相同的电器较多时，需要在电器元件文字符号后面加注不同的数字以示区别。各电器触头位置都按电路未通电或电器未受外力作用时的常态位置画出，分析原理时应从触头的常态位置出发。

（2）电路图采用电路编号法，即对电路中的各个接点用字母或数字编号

①主电路在电源开关的出线端按相序依次编号为 U11、V11、W11。然后按从上至下、从左至右的顺序，每经过一个电器元件后，编号要递增，如 U12、V12、W12，U13、V13、W13，…，单台三相交流电动机（或设备）的三根引出线，按相序依次编号为 U、V、W。对于多台电动机引出线的编号，为了不致引起误解和混淆，可在字母前用不同的数字加以区别，如 1U、1V、1W，2U、2V、2W，…

②辅助电路编号按“等电位”原则，按从上至下、从左至右的顺序用数字依次编号，每经过一个电器元件后，编号要依次递增。控制电路编号的起始数字必须是 1，其他辅助电路编号

的起始数字依次递增 100，如照明电路编号从 101 开始；指示电路编号从 201 开始等。

2. 布置图

布置图中各电器的文字符号，必须与电路图和接线图的标注相一致，图 2–2–2（c）所示就是点动正转控制线路的布置图。

3. 接线图

接线图是电气施工的主要图样，主要用于安装接线、线路的检查和故障处理。

绘制、识读接线图应遵循以下原则：

（1）接线图中一般应示出如下内容：电气设备和电器元件的相对位置、文字符号、端子导线号、导线类型、导线截面积、屏蔽和绞合导线等。

（2）所有的电气设备和电器元件都应按其所在的实际位置绘制在图纸上，且同一电器的各元件应根据其实际结构，使用与电路图相同的图形符号画在一起，并用点画线框上，其文字符号以及接线端子的编号应与电路图中的标注相一致，以便对照检查接线。

（3）接线图中的导线有单根导线、导线组（或线扎）、电缆等之分，可用连续线或中断线表示。凡导线走向相同的可以合并，用线束来表示，到达接线端子板或电器元件的连接点时再分别画出。用线束表示导线组、电缆时，可用加粗的线条表示，在不引起误解的情况下，也可采用部分加粗。另外，导线及管子的型号、根数和规格应标注清楚。

在实际工作中，电路图、布置图和接线图应结合起来使用。

（三）电动机基本控制线路的安装

步骤见表 2–2–1。

表 2–2–1　安装步骤

步骤	内容
第一步	识读电路图，明确线路所用电器元件及其作用，熟悉线路的工作原理
第二步	根据电路图或元件明细表配齐电器元件，并进行质量检验
第三步	根据电器元件选配安装工具和控制板
第四步	根据电路图绘制布置图和接线图，然后按要求在控制板上安装除电动机以外的电器元件，并贴上醒目的文字符号
第五步	根据电动机容量选配主电路导线的截面。控制电路导线一般采用 BVR 1 mm^2 的铜芯线（红色）；按钮线一般采用 BVR 0.75 mm^2 的铜芯线（红色）；接地线一般采用截面积不小于 1.5 mm^2 的铜芯线（BVR 黄绿双色）
第六步	根据接线图布线，同时在剥去绝缘层的两端线头上，套上与电路图相一致编号的编码套管
第七步	安装电动机
第八步	连接电动机和所有电器元件金属外壳的保护接地线
第九步	连接电源、电动机等控制板外部的导线
第十步	自检

续表

步骤	内容
第十一步	交验
第十二步	通电试车

三、任务实训

点动正转控制线路的安装

（一）工具、仪表及器材

工具、仪表及器材的选用见表 2-2-2。

表 2-2-2　工具、仪表及器材

工具	仪表	器材				
		代号	名称	型号	规格	数量
测电笔、螺钉旋具、尖嘴钳、斜口钳、剥线钳、电工刀等电工常用工具	ZC25-3 型兆欧表（500 V、0~500 MΩ）、MG3-1 型钳形电流表、MF47 型万用表	M	三相笼型异步电动机	Y112M-4	4 kW、380 V、△形接法、8.8 A、1440 r/min	1
		QF	低压断路器	DZ5-20/330	3 极、复式脱扣器、380 V、20 A	1
		FU1	螺旋式熔断器	RL1-60/25	500 V、60 A、配熔体 25 A	3
		FU2	螺旋式熔断器	RL1-15/2	500 V、15 A、配熔体 2 A	2
		KM	交流接触器	CJT1-20	20 A、线圈电压 380 V	1
		SB	按钮	LA4-3H	保护式、按钮数 3（代用）	1
		XT	端子板	TD-1515	15 A、15 节、660 V	1
		—	控制板	—	500 mm × 400 mm × 20 mm	1
		—	主电路线	—	BV 1.5mm² 和 BVR 1.5mm²（黑色）	若干
		—	控制电路线	—	BV 1 mm²（红色）	若干
		—	按钮线	—	BVR 0.75 mm²（红色）	若干
		—	接地线	—	BVR 1.5 mm²（黄绿双色）	若干
		—	紧固体和编码套管	—	—	若干

（二）实训过程

安装步骤及工艺要求如下：

1. 安装电器元件

按图 2-2-2（c）所示布置图在控制板上安装电器元件，并贴上醒目的文字符号。安装电器元件的工艺要求如下所示。

（1）低压断路器、低压熔断器的受电端子应安装在控制板的外侧，并确保低压熔断器的受电端为底座的中心端。

（2）各元件的安装位置应整齐、匀称，间距合理，便于元件的更换。

（3）紧固各元件时，用力要均匀，紧固程度适当。在紧固熔断器、接触器等易碎元件时，应该用手按住元件一边轻轻摇动，一边用旋具轮换旋紧对角线上的螺钉，直到手摇不动再适当加固旋紧些即可。

2. 布线

按接线图的走线，进行板前明线布线和套编码套管。布线的工艺要求如下所示。

（1）布线通道要尽可能少，同路并行导线按主电路、控制电路分类集中，单层密排，紧贴安装面布线。

（2）同一平面的导线应高低一致或前后一致，不能交叉。非交叉不可时，该根导线应在接线端子引出时就水平架空跨越，且必须走线合理。

（3）布线应横平竖直，分布均匀。变换走向时应垂直转向。

（4）布线时严禁损伤线芯和导线绝缘。

（5）布线顺序一般以接触器为中心，按由里向外、由低至高、先控制电路后主电路顺序进行，以不妨碍后续布线为原则。

（6）在每根剥去绝缘层导线的两端套上编码套管。所有从一个接线端子（或接线桩）到另一个接线端子（或接线桩）的导线必须连续，中间无接头。

（7）导线与接线端子或接线桩连接时，不得压绝缘层、不反圈及不露铜过长。

（8）同一元件、同一回路的不同接点的导线间距离应保持一致。

（9）一个电器元件接线端子上的连接导线不得多于两根，每节接线端子板上的连接导线一般只允许连接一根。

3. 检查布线

根据图 2-2-2（b）所示电路图检查控制板布线的正确性。

4. 安装电动机

略。

5. 连接

先连接电动机和按钮金属外壳的保护接地线，然后连接电源、电动机等控制板外部的导线。

6. 自检

自检的工艺要求如下所示。

（1）按电路图或接线图从电源端开始，逐段核对接线及接线端子处线号是否正确，有无漏接、错接之处。检查导线接点是否符合要求，压接是否牢固。同时注意接点接触应良好，以避免带负载运转时产生闪弧现象。

（2）用万用表检查线路的通断情况。检查时，应选用倍率适当的电阻挡，并进行校零，以防发生短路故障。对控制电路的检查（断开主电路），可将表笔分别搭在 U11、V11 线端上，读数应为"∞"。按下 SB 时，读数应为接触器线圈的直流电阻值。然后断开控制电路，再检查主电路有无开路或短路现象，此时，可用手动来代替接触器通电进行检查。

（3）用兆欧表检查线路的绝缘电阻的电阻值应不得小于 1 MΩ。

7. 交验

略。

8. 通电试车

略。

四、任务评价

评分标准见表 2-2-3。

表 2-2-3　评分标准

考核项目	考核内容	配分	得分
选用工具、仪表及器材	工具、仪表选择正确	5 分	
	电器元件型号和规格选择正确		
	正确选择元件数量，写全型号规格		
装前检查	电器元件检查	5 分	
	电器布置合理		
	元件安装牢固		
	元件安装整齐、匀称、合理		
	未损坏元件		
安装布线	按电路图接线	30 分	
	布线符合要求		
	接点无松动、无露铜过长、无反圈等		
	未损伤导线绝缘层或线芯		
	编码套管安装正确		
	接地线安装正确		

续表

考核项目	考核内容	配分	得分
故障分析	标注电路故障范围	10 分	
	故障分析、排除故障思路正确		
排除故障	停电、验电	20 分	
	工具及仪表使用正确		
	排除故障的顺序正确		
	能查出故障点		
	能查出故障点，且能排除		
	产生新的故障（能排除或已经排除）		
	未损坏电动机		
	未损坏电器元件，或排除故障方法正确		
	热继电器整定或整定正确		
	熔体规格选用恰当		
通电试车	第一次试车成功	20 分	
	第二次试车成功		
	第三次试车成功		
安全文明生产	严格遵守安全文明生产规程，操作规范，遵守纪律	5 分	
团队合作	团队协作好，工作规范整洁	5 分	
开始时间	结束时间　　实际时间	成绩	

五、知识测评

1. 什么是点动控制？分析判断图 2-2-3 所示各控制电路能否实现点动控制。若不能，试分析说明原因，并加以改正。

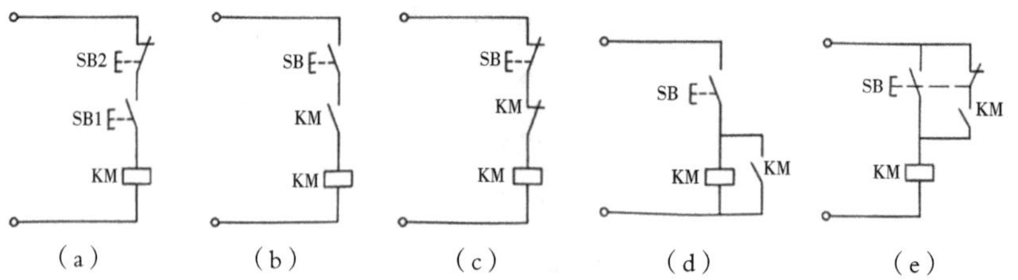

图 2-2-3　控制电路

2. 在电路图中，电源电路、主电路、控制电路、指示电路和照明电路一般怎样布局？
3. 在电路图中，怎样辨别同一电器的不同元件？
4. 简述板前明线布线的工艺要求。
5. 简述电动机基本控制线路的一般安装步骤。

任务三　三相笼型异步电动机的自锁正转控制线路

一、任务目标

（一）知识目标

掌握接触器自锁正转控制线路的构成、工作原理，并能正确熟练地进行安装。

（二）技能目标

1. 能正确安装自锁正转控制线路。
2. 能够正确安装具有过载保护的接触器自锁正转控制线路。

（三）素养目标

能够通过学习资料的整理和总结，培养良好的工作习惯和团队合作精神。

二、相关知识

（一）接触器自锁正转控制线路

对图 2–3–1（a）和图 2–3–1（b）进行比较可知，线路的主电路相同，但控制电路不同。在图 2–3–1 所示的控制电路中，串接了一个停止按钮 SB2，在启动按钮 SB1 的两端并接了接触器 KM 的一对常开辅助触头。

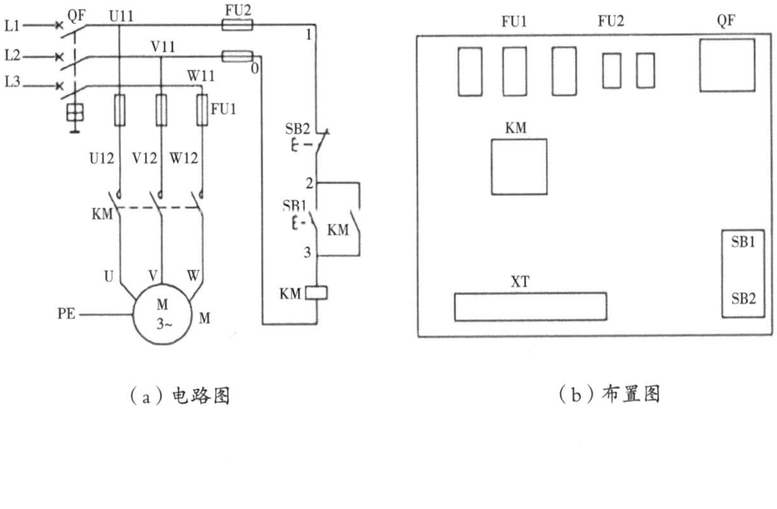

（a）电路图　　（b）布置图

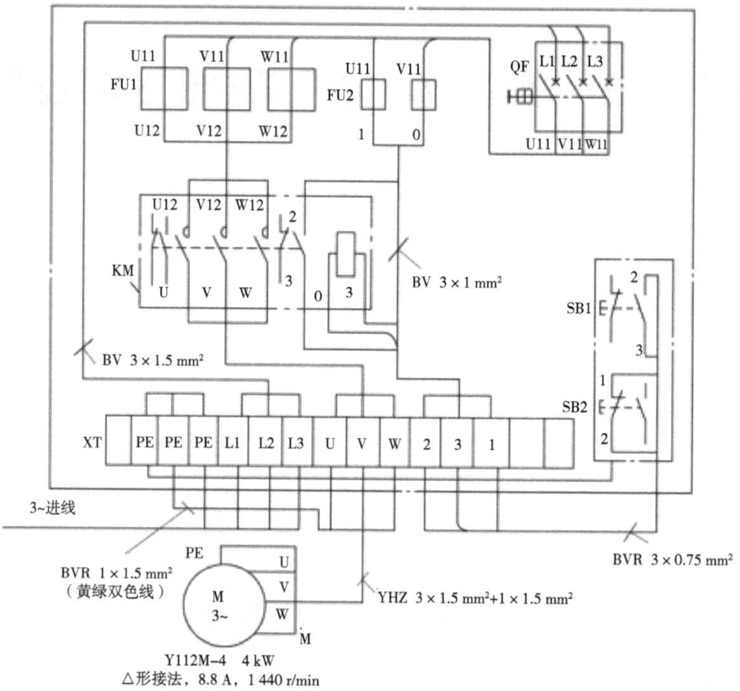

（c）接线图

图 2–3–1 接触器自锁正转控制线路

线路的工作原理如图 2–3–2 所示。

先合上电源开关 QF。

启动：按下 SB1 ——→ KM 线圈得电 ——→ KM 主触头闭合 ——→ 电动机 M 启动连续运作
　　　　　　　　　　　　　　　　└→ KM 常开辅助触头闭合 ┘

停止：按下 SB2 ——→ KM 线圈得电 ——→ KM 主触头分断 ——→ 电动机 M 失电停转
　　　　　　　　　　　　　　　　└→ KM 常开辅助触头分析 ┘

图 2–3–2 线路的工作原理

由以上分析可见，当松开启动按钮 SB1 后，SB1 的常开触头虽然恢复分断，但接触器 KM 的常开辅助触头闭合时已将 SB1 短接，使控制电路仍保持接通，接触器 KM 继续得电，电动机 M 实现了连续运转。

当启动按钮松开后，接触器通过自身的常开辅助触头使其线圈保持得电的作用称为自锁。与启动按钮并联起自锁作用的常开辅助触头称为自锁触头。图 2–3–1 所示的控制线路称为接触器自锁控制线路。

在按下停止按钮 SB2 切断控制电路时，接触器 KM 失电，其自锁触头已分断，而这时 SB1 也是分断的，所以当松开 SB2 其常闭触头恢复闭合后，接触器也不会自行得电，电动机也就不会自行重新启动运转。

例：如图 2–3–3 所示自锁正转控制电路，分析指出其中的错误及出现的现象，并加以改正。

解：在图 2-3-3（a）中，接触器 KM 的自锁触头不应该用常闭辅助触头。用常闭辅助触头不但失去了自锁作用，同时会使电路出现时通时断的现象。应把常闭辅助触头改换成常开辅助触头，使电路正常工作。

在图 2-3-3（b）中，接触器 KM 的常闭辅助触头不能串接在电路中。否则，按下启动按钮 SB 后，会使电路出现时通时断的现象，应把 KM 的常闭辅助触头改换成停止按钮，使电路正常工作。

在图 2-3-2（c）中，接触器 KM 的自锁触头不能并接在停止按钮 SB2 的两端，否则，就失去了自锁作用，电路只能实现点动控制。应把自锁触头并接在启动按钮 SB1 两端。

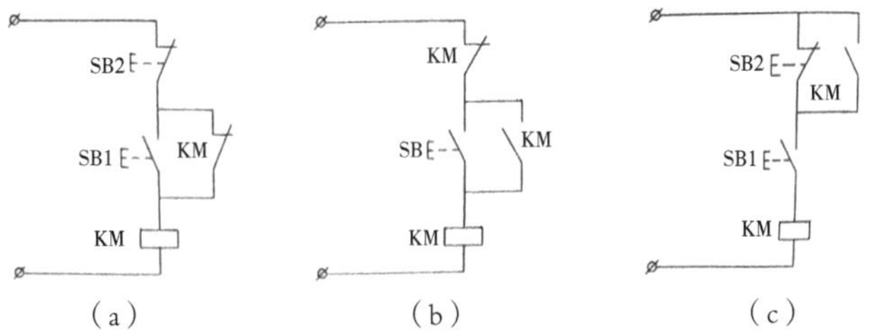

图 2-3-3　自锁正转控制电路

接触器自锁正转控制线路不但能使电动机连续运转，而且还具有欠压和失压（或零压）保护作用。

1. 欠压保护

欠压是指线路电压低于电动机应加的额定电压。欠压保护是指当线路电压下降到某一数值时，电动机能自动脱离电源停转，避免电动机在欠压下运行的一种保护。

接触器自锁控制线路具有欠压保护作用。当线路电压下降到一定值（一般指低于额定电压的 85%）时，接触器线圈两端的电压也同样下降到此值，使接触器线圈磁通减弱，产生的电磁吸力减小。当电磁吸力减小到小于反作用弹簧的拉力时，动铁芯被迫释放，主触头与自锁触头同时分断，自动切断主电路和控制电路，电动机失电停转，起到了欠压保护的用。

2. 失压（或零压）保护

失压保护是指电动机在正常运行中，由于外界某种原因突然断电时，能自动切断电动机电源；当重新供电时，保证电动机不能自行启动的一种保护。接触器自锁控制线路也可实现失压保护作用。接触器自锁触头和主触头在电源断电时已经分断，使控制电路和主电路都不能接通，所以在电源恢复供电时，电动机就不会自行启动运转，保证了人身和设备的安全。

（二）具有过载保护的接触器自锁正转控制线路

在图 2-3-1 所示接触器自锁正转控制线路中，低压熔断器 FU1、FU2 分别作为主电路和控制电路的短路保护，接触器 KM 除控制电动机的启停外，还具有欠压保护和失压保护用。

图 2-3-4 所示线路在图 2-3-1 所示接触器自锁正转控制线路中，增加了一个热继电器 KH，构成了具有过载保护的接触器自锁正转控制线路。该线路不但具有短路保护、欠压保护、失压保护作用，而且具有过载保护作用，在生产实际中获得了广泛应用。

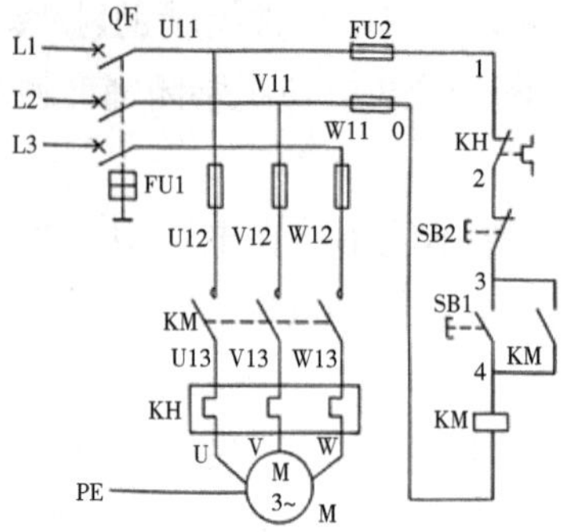

（a）电路图

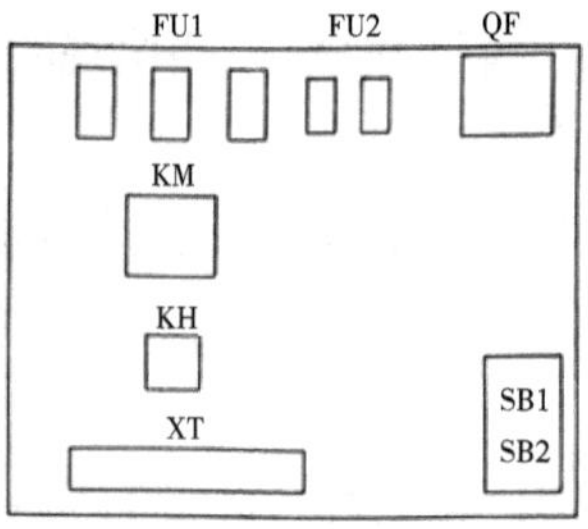

（b）布置图

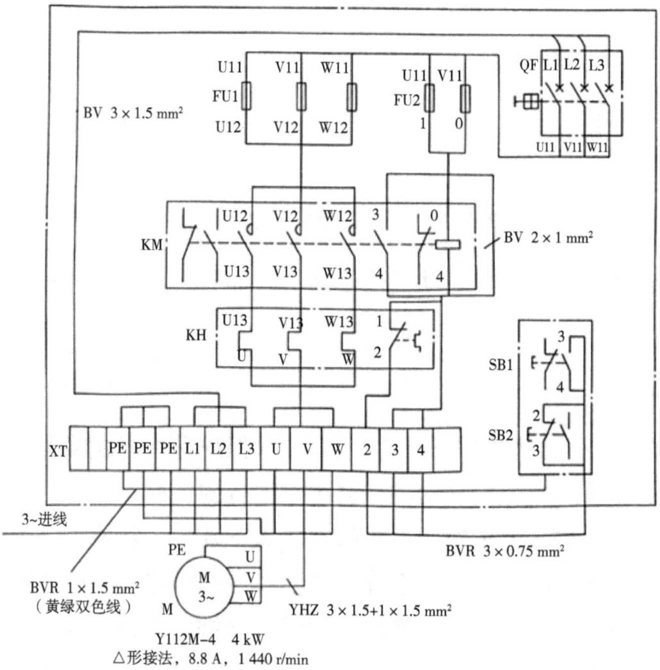

（c）接线图

图 2-3-4 具有过载保护的接触器自锁正转控制线路

过载保护是指当电动机出现过载时，能自动切断电动机的电源，使电动机停转的一种保护。

电动机在运行的过程中，如果长期负载过大，或者启动操作频繁，或者缺相运行，都可能使电动机定子绕组的电流增大，超过其额定值。而在这种情况下，低压熔断器往往并不熔断，而引起定子绕组过热，使温度持续升高。若温度超过允许温升，就会造成绝缘损坏，缩短电动机的使用寿命，严重时甚至会烧毁电动机的定子绕组。因此，对电动机必须采取过载保护措施。

电动机控制线路中，最常用的过载保护电器是热继电器，它的热元件串接在三相主电路中，常闭触头串接在控制电路中，如图 2-3-4 所示。若电动机在运行过程中，过载或其他原因使电流超过额定值，那么经过一定时间后，串接在主电路中的热元件因受热发生弯曲，通过传动机构使串接在控制电路中的常闭触头分断，切断控制电路，接触器 KM 线圈失电，其主触头和自锁触头分断，电动机 M 失电停转，达到过载保护的目的。

三、任务实训

接触器自锁正转控制线路的安装

（一）工具、仪表及器材

工具、仪表及器材的选用见表 2-3-1。

表 2-3-1　工具、仪表及器材

工具	仪表	器材				
		代号	名称	型号	规格	数量
测电笔、螺钉旋具、尖嘴钳、斜口钳、剥线钳、电工刀等电工常用工具	ZC25-3 型兆欧表、MG3-1 型钳形电流表、MF47 型万用表	M	三相笼型异步电动机	Y112M-4	4 kW、380 V、△形接法、8.8 A、1 440 r/min	1
		KH	热继电器	JR36-20	3 极、20 A、热元件 11 A、整定电流 8.8 A	1
		—	点动正转控制线路板	—	—	1
		—	主电路线	—	BV 1.5 mm^2 和 BVR 1.5 mm^2（黑色）	若干
		—	控制电路线	—	BV 1 mm^2（红色）	若干
		—	按钮线	—	BVR 0.75 mm^2（红色）	若干
		—	接地线	—	BVR 1.5 mm^2（黄绿双色）	若干
		—	紧固体和编码套管	—	—	若干

（二）实训过程

1. 安装接触器自锁正转控制线路

参照实训中的工艺要求，根据图 2-3-1 所示接触器自锁正转控制线路，在已安装好的点动正转控制线路板上，安装停止按 SB2 和接触器 KM 自锁触头，完成接触器自锁正转控制线路的安装，如图 2-3-5 所示。

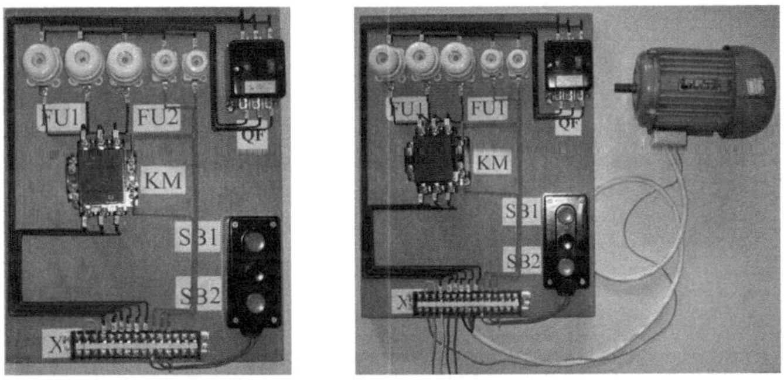

（a）　　　　（b）

图 2-3-5　接触器自锁正转控制线路板

注：（a）安装 SB2 和 KM 自锁触头；（b）接线。

2. 安装具有过载保护的接触器自锁正转控制线路

参照实训中的工艺要求，根据图 2–3–4 所示的具有过载保护的接触器自锁正转控制线路，在已安装好的自锁正转控制线路板上，加装热继电器 KH，完成具有过载保护的接触器自锁正转控制线路的安装。加装热继电器后的控制线路板如图 2–3–6 所示。

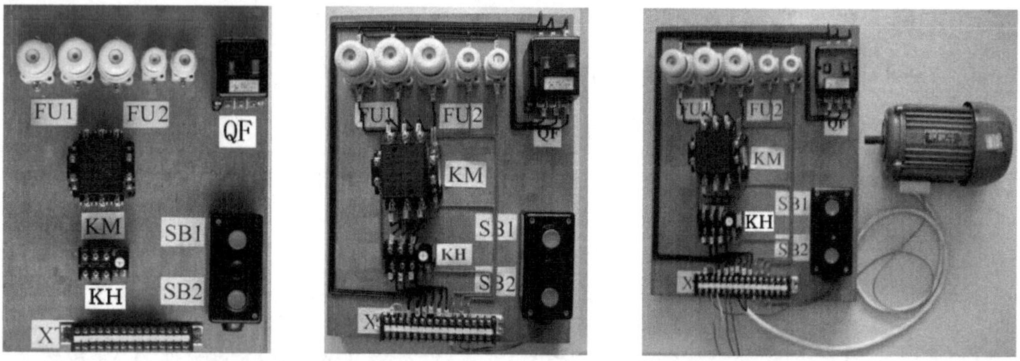

（a）　　（b）　　（c）

图 2–3–6　具有过载保护的接触器自锁正转控制线路板

注：（a）安装；（b）布线；（c）连接。

3. 注意事项

（1）接触器 KM 的自锁触头应并接在启动按钮 SB1 两端，停止按钮 SB2 应串接在控制电路中；热继电器 KH 的热元件应串接在主电路中，它的常闭触头应串接在控制电路中。

（2）电源进线应接在螺旋式熔断器的下接线座上，出线则应接在上接线座上。

（3）按钮内接线时，用力不可过猛，以防螺钉打滑。

（4）电动机及按钮的金属外壳必须可靠接地。接至电动机的导线，必须穿在导线通道内加以保护，或采用坚韧的四芯橡皮线或塑料护套线进行临时通电校验。

（5）热继电器的整定电流应按电动机的额定电流自行调整，绝对不允许弯折双金属片。

（6）热继电器因电动机过载动作后，若需再次启动电动机，必须待热元件冷却并且热继电器复位后才可进行。

（7）编码套管套装要正确。

（8）启动电动机时，在按下启动按钮 SB1 的同时，手还必须按在停止按钮 SB2 上，保证万一出现故障时，可立即按下 SB2 停车，防止事故的扩大。

四、任务评价

评分标准见表 2–3–2。

表 2-3-2　评分标准

考核项目	考核内容				配分	得分
选用工具、仪表及器材	工具、仪表选择正确				5 分	
	电器元件型号和规格选择正确					
	正确选择元件数量，写全型号规格					
装前检查	电器元件检查				5 分	
	电器布置合理					
	元件安装牢固					
	元件安装整齐、匀称、合理					
	未损坏元件					
安装布线	按电路图接线				30 分	
	布线符合要求					
	接点无松动、无露铜过长、无反圈等					
	未损伤导线绝缘层或线芯					
	编码套管安装正确					
	接地线安装正确					
故障分析	标注电路故障范围				10 分	
	故障分析、排除故障思路正确					
排除故障	停电、验电				20 分	
	工具及仪表使用正确					
	排除故障的顺序正确					
	能查出故障点					
	能查出故障点，且能排除					
	产生新的故障（能排除或已经排除）					
	未损坏电动机					
	未损坏电器元件，或排除故障方法正确					
	热继电器整定或整定正确					
	熔体规格选用恰当					
通电试车	第一次试车成功				20 分	
	第二次试车成功					
	第三次试车成功					
安全文明生产	严格遵守安全文明生产规程，操作规范，遵守纪律				5 分	
团队合作	团队协作好，工作规范整洁				5 分	
开始时间		结束时间		实际时间	成绩	

五、知识测评

1. 什么是欠压保护？什么是失压保护？为什么说接触器自锁正转控制线路具有欠压保护和失压保护作用？

2. 什么是过载保护？为什么对电动机要采取过载保护？

3. 在电动机的控制线路中，短路保护和过载保护各由什么电器来实现？它们能否相互代替使用？为什么？

4. 为某生产机械设计电动机的电气控制线路，要求能连续控制，并有短路、过载、失压和欠压保护。

5. 什么是自锁控制？分析判断图 2-3-7 所示各控制电路能否实现自锁控制。若不能，试分析说明原因，并加以改正。

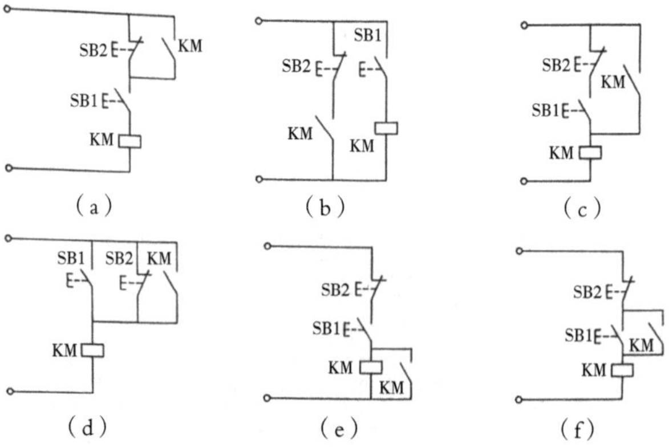

图 2-3-7　控制线路（题 5）

6. 在图 2-3-8 所示控制线路中，哪些地方画错了？将其改正过来，并按改正后的线路叙述其工作原理。

7. 分析图 2-3-9 所示控制线路能否满足以下控制要求和保护要求：（1）能实现单向启动和停止；（2）具有短路、过载、欠压和失压保护。若线路不能满足以上要求，加以改正，并说明改正的原因。

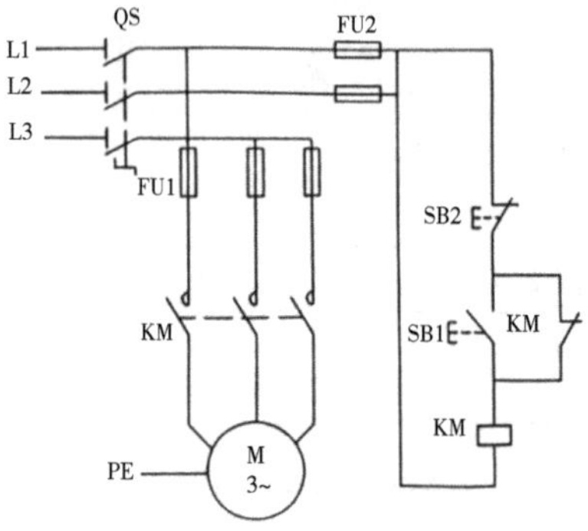

图 2-3-8　控制线路（题 6）

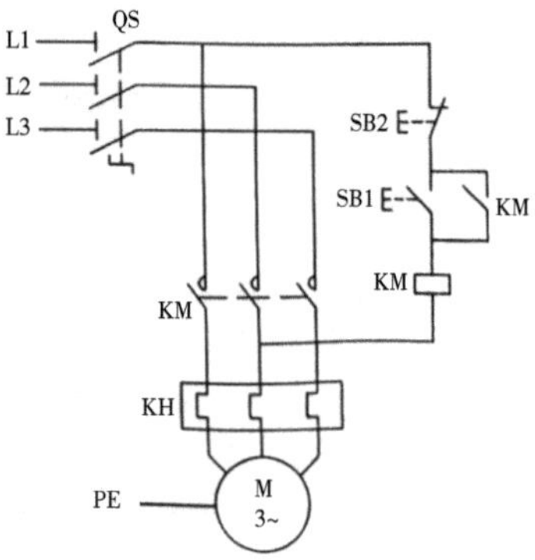

图 2-3-9　控制线路（题 7）

任务四　三相笼型异步电动机的连续与点动混合正转控制线路

一、任务目标

（一）知识目标

1. 熟悉万用表的正确使用和安全操作方法，能够独立对线路进行断电检测。
2. 理解并掌握连续与点动混合正转控制线路原理，规范完成接线任务并通电试车。
3. 通过接线进一步加深理解点动控制和自锁控制的特点。

（二）技能目标

1. 能正确使用万用表。
2. 能正确绘制连续与点动混合正转控制线路电气工程图。
3. 能正确进行连续与点动混合正转控制线路的接线。

（三）素养目标

学生能够通过学习资料的整理和总结，边干边学，在做中学、学中做，培养良好的工作习惯和团队合作精神。

二、相关知识

（一）连续与点动混合正转控制线路

机床设备在正常工作时，一般需要电动机处在连续运转状态。但在试车或调整刀具与工件的相对位置时，又需要电动机能点动控制，实现这种工艺要求的线路是连续与点动混合正转控制线路，如图 2-4-1 所示。

图 2-4-1（a）所示控制线路是在具有过载保护接触器自锁正转控制线路基础上，把手动开关 SA 串联接在自锁电路中。显然，当手动开关 SA 闭合、打开时，就可实现电动机的连续、点动控制。

图 2-4-1（b）所示线路是在启动按钮 SB1 的两端并联复合按钮 SB3 以实现连续与点动混合正转控制，SB3 的常闭触头应该和 KM 的自锁触头串联。

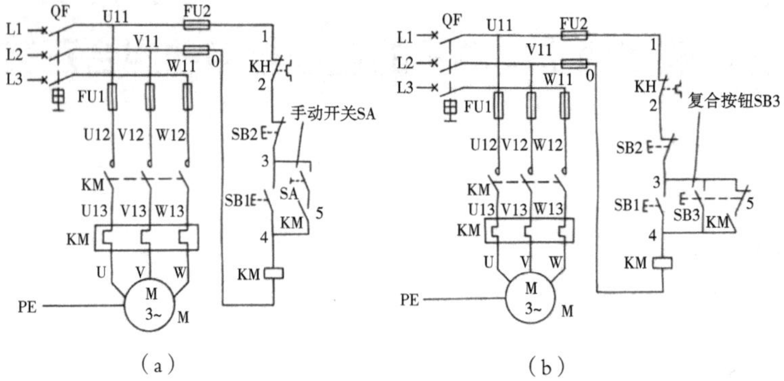

图 2-4-1　连续与点动混合正转控制电路图

注：（a）串联手动开关 SA；（b）并联复合按钮 SB3。

控制线路的工作原理如下：

首先合上电源开关 QF。

1. 连续控制原理

启动：

按下 SB1 ⟶ KM 线圈得电 ⟶ KM 主触头闭合 ⟶
　　　　　　　　　　　　└⟶ KM 自锁触头闭合自锁 ┘

⟶ 电动机 M 启动，连续运转

停止：

按下 SB2 ⟶ KM 线圈失电 ⟶ KM 主触头分断 ⟶
　　　　　　　　　　　　└⟶ KM 自锁触头分断解除自锁 ┘

⟶ 电动机 M 失电停转

2. 点动控制原理

启动：

按下 SB3 ⟶ SB3 常闭触头先分断，切断自锁电路
　　　　└⟶ SB3 常开触头后闭合 ⟶ KM 线圈得电 ⟶

⟶ KM 自锁触头闭合
└⟶ KM 主触头闭合 ⟶ 电动机 M 启动运转

停止：

按下 SB3 ⟶ SB3 常开触头先恢复分断 ⟶ KM 线圈失电 ⟶
　　　　└⟶ SB3 常闭触头后恢复闭合（此时 KM 自锁触头已分断）

⟶ KM 自锁触头分断
└⟶ KM 主触头分断 ⟶ 电动机 M 停转

例：有同学为生产机械设计出既能点动控制又能连续运行，并具有短路、过载保护的电气

控制线路，如图 2-4-2 所示。分析说明该线路能否正常工作。

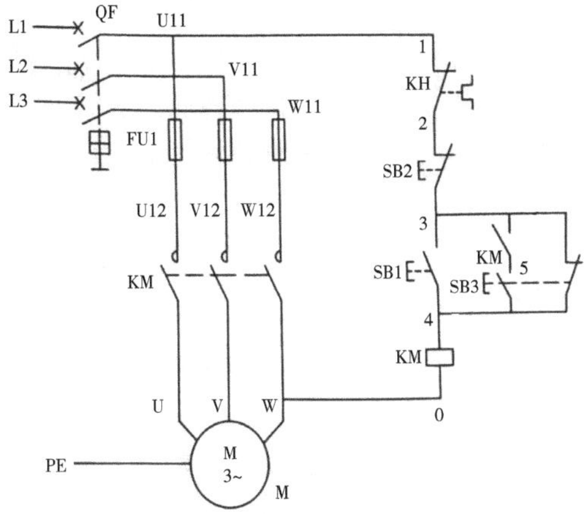

图 2-4-2　电气控制线路

解：该线路不能正常工作。因线路有以下三处错误：

（1）控制电路电源线有一端接在接触器 KM 主触头下方，这样即使按下按钮 SB1，由于主触头是断开状态，控制电路不会得电，因此必须将控制电路的电源线改接到 KM 主触头上方。

（2）控制电路中虽然串联了热继电器 KH 的常闭触头，但其热元件并没有串联在主电路中，所以热继电器 KH 根本起不到过载保护作用。应把 KH 的热元件串联到主电路中。

（3）接触器 KM 自锁触头与复合按钮 SB3 常开触头串联，而 SB3 常闭触头与启动按钮 SB1 并联，不但起不到自锁的作用，还会造成电动机的自行启动，达不到控制要求。应将接触器 KM 的自锁触头与 SB3 的常闭触头串联。

（二）电动机基本控制线路故障检修的步骤和方法

1. 试验法观察故障现象，初步确定故障范围

在不损坏电气设备和机械设备、不扩大故障范围的前提下，对线路进行通电试验，通过观察电器元件和电气设备的动作是否正常以及各控制环节的动作程序是否符合要求，初步确定故障发生的大致部位或者回路。

2. 逻辑分析法缩小故障范围

根据控制环节的动作程序以及它们之间的联系、电气控制线路的工作原理，结合故障现象做出具体的分析，缩小故障范围，此方法特别适合对复杂线路进行故障检查。

3. 测量法确定故障点

利用电工工具和电工仪表对线路进行带电或者断电测量，常用的方法有电压测量法和电阻测量法。

（1）电压测量法。测量检查时，首先将万用表的转换开关置于交流电压 500 V 挡上，然后按照图 2-4-3 所示的方法进行测量。

接通电源后，若按下启动按钮 SB1，接触器 KM 不吸合，说明控制电路有故障。

检测时，在松开按钮 SB1 的情况下，先用万用表测量 0 和 1 两点之间的电压，如果电压为 380 V，说明控制电路的电源电压正常。然后把黑表笔接到 0 点上，红表笔依次接到 2、3 点上，分别测量 0—2、0—3 两点间的电压，如果电压均为 380 V，再把黑表笔接到 1 点上，红表笔接到 4 点上，测量出 1—4 两点间的电压。根据测量结果即可找出故障点，见表 2-4-1。表中符号“x”表示不需再测量。

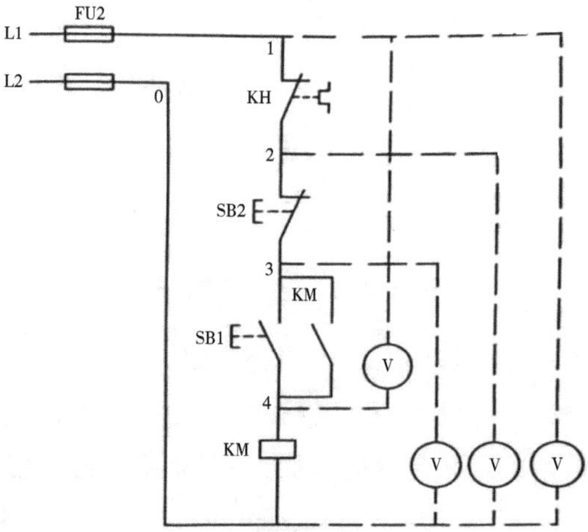

图 2-4-3 电压测量法

表 2-4-1 电压测量法查找故障点

故障现象	0—2	0—3	1—4	故障点
按下 SB1 时，接触器 KM 不吸合	0	x	x	KH 常闭触头接触不良
	380 V	0	x	SB2 常闭触头接触不良
	380 V	380 V	0	KM 线圈断路
	380 V	380 V	380 V	SB1 接触不良

（2）电阻测量法。测量检查时，首先将万用表的转换开关置于倍率适当的电阻挡上（一般选 $R\times100$ 以上的挡），然后按图 2-4-4 所示的方法进行测量。

接通电源，如果按下启动按钮 SB1 时，接触器 KM 不吸合，则说明控制电路有故障。

检测时，首先切断电路电源（这一点与电压测量法不同），用万用表依次测量出 1—2、1—3、0—4 两点间的电阻值。根据测量结果就可以找出故障点，见表 2-4-2。

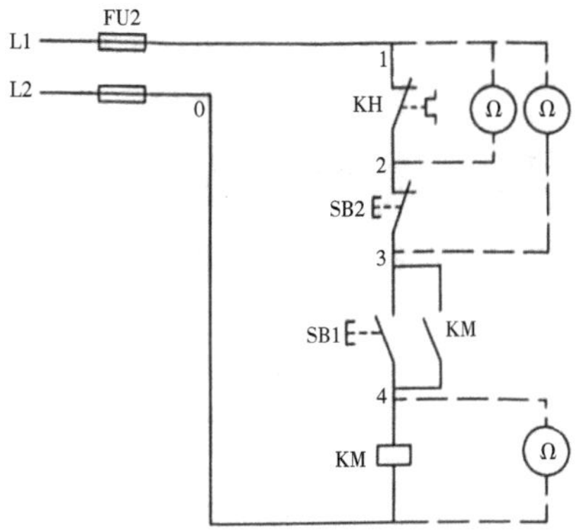

图 2-4-4　电阻测量法

表 2-4-2　电阻测量法查找故障点

故障现象	1—2	1—3	0—4	故障点
按下 SB1 时，接触器 KM 不吸合	∞	x	x	接触器 KH 常闭触头接触不良
	0	∞	x	按钮 SB2 常闭触头接触不良
	0	0	∞	接触器 KM 线圈断路
	0	0	*R*	按钮 SB1 接触不良

注：*R* 为接触器 KM 线圈的电阻值。

以上是用测量法查找确定控制线路的故障点，对于主电路的故障点，结合图 2-4-1（b）说明如下：

首先测量接触器电源端的 U12—V12、U12—W12、W12—V12 之间的电压。若均为 380 V，说明 U12、V12、W12 三点至电源无故障，可进行第二步测量。否则可再测量 U11—V11、U11—W11、W11—V11 之间的电压顺次至 L1—L2、L2—L3、L3—L1，直到发现故障。

然后断开主电路电源，用万用表的电阻挡（一般选 $R\times10$ 以上）测量接触器负载端 U13—V13、U13—W13、W13—V13 之间的电阻，若电阻均较小（电动机定子绕组的直流电阻），说明 U13、V13、W13 三点至电动机无故障，可判断为接触器主触头有故障。否则可再测量 U—V、U—W、W—V 到电动机接线端子处，直到发现故障。

4. 排除故障

根据故障点的不同情况，采用不同的、正确的维修方法排除故障。

5. 校验

检修完毕后，进行通电空载校验或者局部空载校验。

6. 运行

校验合格后，通电正常运行。

三、任务实训

连续与点动混合正转控制线路的安装检修

（一）工具、仪表及器材

根据三相笼型异步电动机 Y132M-4 的技术数据以及图 2-4-1（b）所示电路图，参考前面实训内容，合理选用工具、仪表及器材，并将表 2-4-3 和表 2-4-4 补全。

表 2-4-3　工具与仪表

工具	仪表

表 2-4-4　电器元件及部分电工器材明细表

代号	名称	型号	规格
M	三相笼型异步电动机	Y132M-4	7.5 kW、380 V、15.4 A、△形接法、1 440 r/min
QF	电源开关		
FU1	低压熔断器		
FU2	低压熔断器		
KM	交流接触器		
KH	热继电器		
SB1、SB2、SB3	按钮		
XT	端子板		
	主电路线		
	控制电路线		
	按钮线		
	接地线		
	电动机引线		
	控制板		
	紧固体及编码套管		

（二）实训过程

（1）安装连续与点动混合正转控制线路。根据电动机基本控制线路的一般安装步骤，进行安装训练。

（2）检修连续与点动混合正转控制线路人为设置的两个故障。

①故障设置在图 2-4-1（b）所示线路的主电路和控制电路中，人为设置电气自然故障各一处。

②故障检修步骤和方法。通电检查时，一般先查控制电路，后查主电路。下面以电动机 M 缺相运行为例说明检修步骤和方法，见表 2-4-5。

表 2-4-5　故障检修步骤和方法

检修步骤	检修方法	
	控制电路	主电路
用试验法来观察故障现象	合上 QF，按下 SB1 或 SB3 时，KM 均不吸合	合上 QF，按下 SB1 或 SB3 时，M 转速极低甚至不转动，并且发出“嗡嗡”声，应立即切断电源
用逻辑分析法来判定故障范围	由 KM 不吸合来分析电路图，初步确定故障点有可能在控制电路的公共支路上	根据故障现象分析线路，判定故障范围可能在电源电路和主电路上
用测量法来确定故障点	用电压测量法找到的故障点为控制电路上 KH 常闭触头已经分断	断开 QF，先用测电笔检验主电路无电，拆除 M 的负载线并恢复绝缘。再合上 QF，按下 SB1，用测电笔从上至下依次测试各接点，查得 W13 段的导线开路
根据故障点的情况，采取正确的检修方法排除故障	故障点是模拟 M 缺相运行导致 KH 常闭触头分断，所以按下 KH 复位按钮后，控制电路即正常	重新接好 W13 处的连接点，或者更换同规格的连接接触器输出端 W13 与热继电器受电端 W13 的导线
检修完毕通电试车	切断电源重新连好 M 的负载线，在征得教师同意并监护下，合上 QF，按下 SB1 或 SB3，观察和检测线路以及电动机的运行情况，检验合格后电动机正常运行	

（三）检修注意事项

（1）在排除故障过程中，分析思路以及排除方法要正确。

（2）使用测电笔检测故障时，必须检查测电笔是否符合使用要求。

（3）不能随意更改线路或者带电触摸电器元件。

（4）要正确使用仪表，避免引起错误判断。

（5）如果需要带电检修故障，必须有教师现场监护，并且要确保用电安全。

（6）必须在规定的时间内完成故障排除。

四、任务评价

评分标准见表 2-4-6 。

表 2-4-6　评分标准

考核项目	考核内容	配分	得分
选用工具、仪表及器材	工具、仪表选择正确	5 分	
	电器元件型号、规格选择正确		
	正确选择元件的数量，写全型号规格		
装前检查	电器元件检查	5 分	
	电器布置合理		
	元件安装牢固		
	元件安装整齐、匀称、合理		
	未损坏电器元件		
安装布线	按电路图要求接线	30 分	
	布线符合要求		
	接点无松动、无露铜过长、无反圈等		
	未损伤导线绝缘层或线芯		
	编码套管安装正确		
	接地线安装正确		
故障分析	标注电路故障范围	10 分	
	故障分析、排除故障思路正确		
排除故障	停电、验电	20 分	
	工具及仪表使用正确		
	排除故障的顺序正确		
	能查出故障点		
	能查出故障点，且能排除		
	产生新的故障（能排除或已经排除）		
	未损坏电动机		
	未损坏电器元件，或排除故障方法正确		
	热继电器整定或者整定正确		
	熔体规格选用恰当		

续表

<table>
<tr><th>考核项目</th><th colspan="5">考核内容</th><th>配分</th><th>得分</th></tr>
<tr><td rowspan="3">通电试车</td><td colspan="5">第一次通电试车成功</td><td rowspan="3">20 分</td><td rowspan="3"></td></tr>
<tr><td colspan="5">第二次通电试车成功</td></tr>
<tr><td colspan="5">第三次通电试车成功</td></tr>
<tr><td>安全文明生产</td><td colspan="5">能够严格遵守安全文明生产规程，操作规范，遵守纪律</td><td>5 分</td><td></td></tr>
<tr><td>团队合作</td><td colspan="5">团队协作好，工作规范整洁</td><td>5 分</td><td></td></tr>
<tr><td>开始时间</td><td></td><td>结束时间</td><td></td><td>实际时间</td><td></td><td>成绩</td><td></td></tr>
</table>

五、知识测评

1. 为某生产机械设计电动机的电气控制线路。要求如下：（1）既能点动控制又能连续控制；（2）有短路、过载、失压和欠压保护作用。

2. 简述电动机的基本控制线路故障检修的一般步骤和方法。

3. 试验法检修的内容什么是？什么是逻辑分析法？

4. 什么是测量法？常用的有哪几种？

任务五　三相笼型异步电动机的正反转控制线路

一、任务目标

（一）知识目标

1. 了解倒顺开关控制的电动机正反转的工作原理。
2. 掌握接触器联锁正反转控制线路工作原理、线路特点。

（二）技能目标

1. 通过分析接触器联锁正反转控制线路，总结出线路的工作原理、特点。
2. 能够正确绘制接触器联锁正反转控制线路的电气原理图。
3. 能够进行接触器联锁正反转控制线路的安装。
4. 了解并掌握接触器联锁正反转控制线路的调试方法。

（三）素养目标

学生通过本任务的学习，培养观察能力、分析能力以及表达能力和归纳能力，培养主动观察、勇于发现的创新精神。

二、相关知识

在实际生产中，万能铣床的主轴需要正转与反转；机床工作台需要前进与后退；起重机的吊钩需要上升与下降。而正转控制线路只能使电动机朝一个方向旋转，从而带动生产机械的运动部件朝一个方向运动，不能满足以上需求。要使生产机械的运动部件能向正、反两个方向运动，就要求电动机能实现正反转控制。

当改变通入电动机定子绕组的三相电源相序，即把接入电动机三相电源进线中的任意两相对调接线时，电动机就可以实现反转。下面学习几种常用的正反转控制线路。

（一）倒顺开关实现正反转控制线路

倒顺开关正反转控制线路如图 2-5-1 所示。万能铣床主轴电动机的正反转控制就是采用倒顺开关来实现的。

线路的工作原理如下：当倒顺开关 QS 的手柄扳至“顺”位置时，QS 的动触头和左边的静触头相接触，电路按 L1—U、L2—V、L3—W 接通，输入电动机定子绕组的电源电压相序为 L1—L2—L3，电动机正转；当倒顺开关 QS 的手柄扳至“倒”位置时，QS 的动触头和右边的静触头相接触，电路按 L1—W、L2—V、L3—U 接通，输入电动机定子绕组的电源电压相序变为 L3—L2—L1，电动机反转；当倒顺开关 QS 的手柄处于"停"位置时，QS 的动、静触头不接触，电路不通，电动机不转。

（a）某机床使用的 HZ3-131 倒顺开关

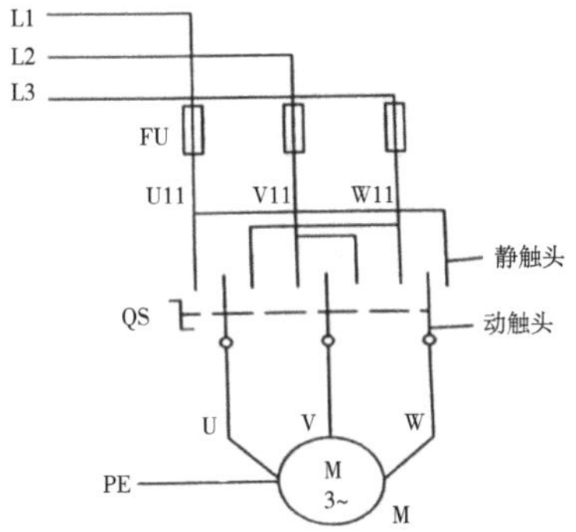

（b）倒顺开关正反转控制电路图

图 2-5-1　倒顺开关正反转控制线路

小提示：当电动机处于正转状态时，要使它反转，应先把手柄扳到"停"的位置，使电动机先停转，然后再把手柄扳到"倒"的位置，使它反转。若直接把手柄由"顺"扳至"倒"的位置，电动机定子绕组会因为电源突然反接而产生很大的反接电流，易使电动机定子绕组因过热而损坏。

（二）接触器联锁正反转控制线路

倒顺开关控制的正反转控制线路虽然使用的电器较少，线路也比较简单，但是它是一种手动控制线路，需要频繁换向时，操作人员劳动强度大，操作安全性较差，所以这种线路一般用来控制额定电流 10 A、功率在 3 kW 及以下的小容量电动机。在实际生产中，更常用的是用按钮和接触器来控制电动机的正反转。

图 2-5-2 所示为接触器联锁正反转控制线路。线路中采用了正转接触器 KM1 和反转接触器 KM2 两个接触器，它们分别由正转启动按钮 SB1 和反转启动按钮 SB2 控制。从主电路可以看出，这两个接触器 KM1、KM2 的主触头所接通的电源相序不同，KM1 按照 L1—L2—L3 相序接线，KM2 则按照 L3—L2—L1 相序接线。相应地控制线路也有两条，一条是由启动按钮 SB1 和接触器 KM1 线圈等组成的正转控制线路；另一条是由启动按钮 SB2 和接触器 KM2 线圈等组成的反转控制线路。

必须指出：接触器 KM1 和 KM2 的主触头绝对不允许同时得电闭合，否则将造成两相电源（L1 相和 L3 相）短路事故。为了避免两个接触器 KM1 和 KM2 同时得电动作，在正反转控制电路中分别串联了对方接触器的一对常闭辅助触头。

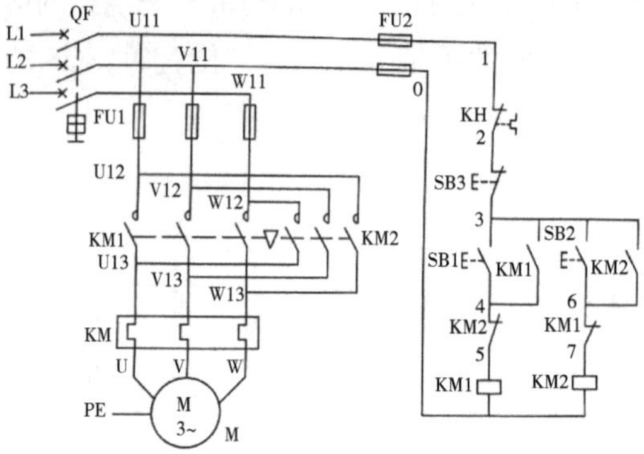

（a）电路图

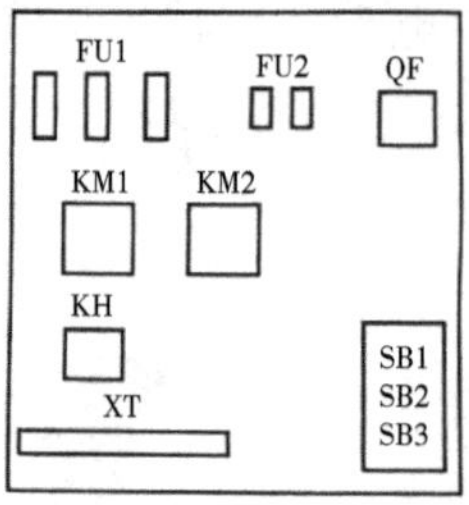

（b）布置图

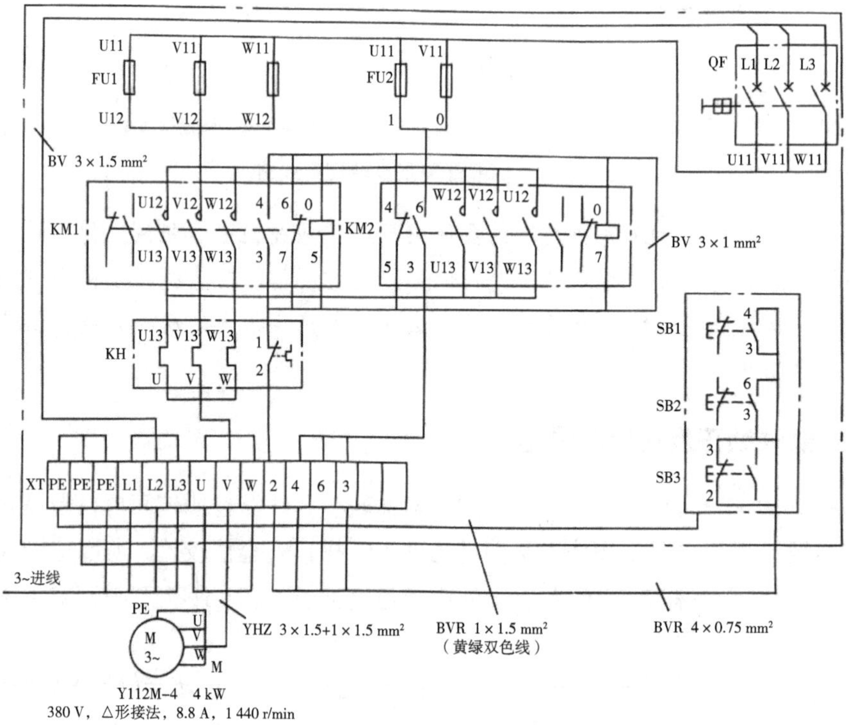

（c）接线图

图 2-5-2 接触器联锁正反转控制线路

当一个接触器得电动作时，通过它的常闭辅助触头使另一个接触器不能得电动作，接触器之间这种相互制约的作用称为接触器联锁（或互锁）。实现联锁作用的常闭辅助触头称为联锁触头（或互锁触头），联锁用符号“▽”表示。

在接触器联锁正反转控制线路中，要想使电动机从正转变为反转，必须先按下停止按钮后，再按反转启动按钮，否则，由于接触器之间的联锁作用，不能实现反转控制。因此线路工作性能安全可靠，但是操作不方便。

（三）按钮、接触器双重联锁的正反转控制线路

如果把图 2-5-2 中的正转启动按钮 SB1 和反转启动按钮 SB2 换成两个复合按钮，并把两个复合按钮的常闭触头也串联接在对方的控制电路中，构成如图 2-5-3 所示的按钮、接触器双重联锁的正反转控制线路，就能克服接触器联锁正反转控制线路操作不方便的缺点，使线路操作方便，工作性能安全可靠。

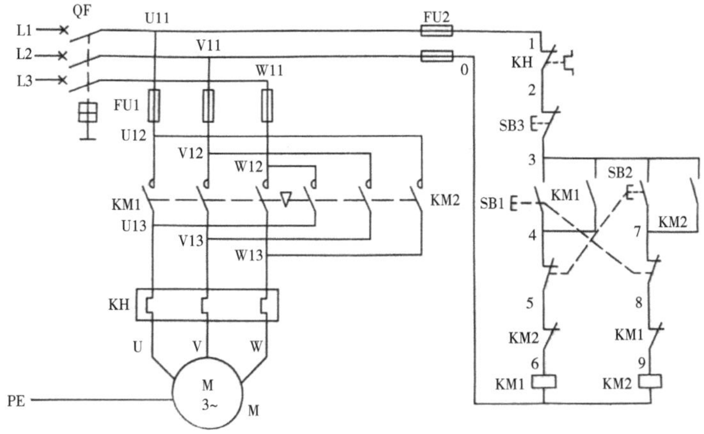

图 2-5-3　按钮、接触器双重联锁的正反转控制电路图

线路的工作原理如图 2-5-4 所示。

先合上电源开关 QF。

1. 正转控制：

按下 SB1 →
- → SB1 常闭触头先分断对 KM2 联锁（切断反转控制电路）
- → SB1 常开触头后闭合 ——→ KM1 线圈得电 ——→
  - → KM1 自锁触头闭合自锁
  - → KM1 主触头闭合 ——→ 电动机 M 启动连续正转
  - → KM1 联锁触头分断对 KM2 联锁

2. 反转控制：

按下 SB2 →
- → SB2 常闭触头先分断 ——→ KM1 联锁线圈失电 →
  - → KM1 自锁触头分断
  - → KM1 主触头分断 ——→ 电动机 M 失电
  - → KM1 联锁触头恢复闭合 ——→
- → SB2 常开触头后闭合 ——→

——→ KM2 线圈得电 →
- → KM2 自锁触头闭合自锁
- → KM2 主触头闭合 ——→ 电动机 M 启动连续反转
- → KM2 联锁触头分断对 KM1 联锁（切断正转控制电路）

图 2-5-4　工作原理

停止时，按下停止按钮 SB3，整个控制电路失电，主触头 KM1 或 KM2 分断，电动机 M 失电停转。

例：下面是几种正反转控制电路，如图 2–5–5 所示。试分析各电路能否正常工作。如果不能正常工作，请指出原因，并加以改正。

解：图 2–5–5（a）所示电路不能正常工作。其原因是：联锁触头不能用自身接触器的常闭辅助触头。这样不但起不到联锁作用，而且当按下启动按钮后，还会出现控制电路时通时断的现象。应把图中两对联锁触头对调。

图 2–5–5（b）所示电路不能正常工作。其原因是：联锁触头不能用常开辅助触头。这样即使按下启动按钮，接触器也不能得电动作。应把联锁触头换接成常闭辅助触头。

图 2–5–5（c）所示电路只能实现点动正反转控制，不能连续工作。其原因是自锁触头利用对方接触器的常开辅助触头，起不到自锁作用。若要使线路能连续工作，应把图中两对自锁触头对调。

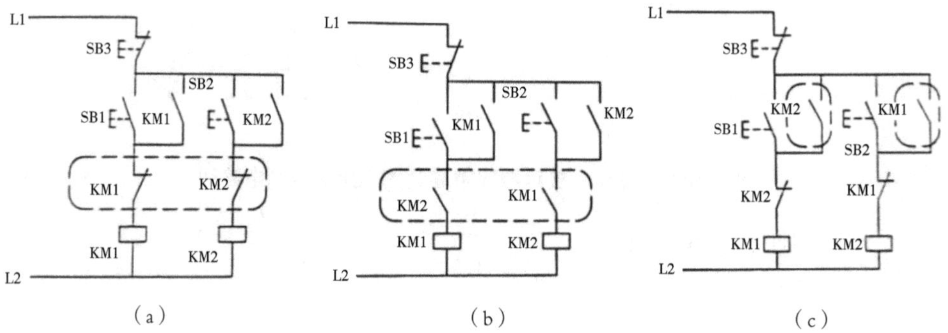

图 2–5–5　正反转控制电路

三、任务实训

正反转控制线路的安装与检修

（一）工具、仪表及器材

根据三相笼型异步电动机的技术数据及图 2–5–1~ 图 2–5–3 所示正反转控制线路的电路图，选用工具、仪表及器材，见表 2–5–1。

表 2-5-1　工具、仪表及器材

工具	仪表	器材				
		代号	名称	型号	规格	数量
测电笔、钢丝钳、螺钉旋具、斜口钳、尖嘴钳、剥线钳、电工刀等	MF47 型万用表、ZC25-3 型兆欧表（500 V，0~500 MΩ）、MG3-1 型钳形电流表	M	三相笼型异步电动机	Y100L1-4Y	2.2 kW、380 V、5 A、Y 形接法、1 440 r/min（倒顺开关控制）	1
		—	三相笼型异步电动机	Y112M-4	4 kW、380 V、8.8 A、△形接法、1 440 r/min	1
		QS	倒顺开关	HZ3-132	3 极、500 V、10 A	1
		QF	低压断路器	DZ5-20/330	3 极、复式脱扣器、380 V、20 A	1
		FU	插入式熔断器	RC1A-30/15	380 V、30 A、配熔体 15 A	1
		FU1	螺旋式熔断器	RL1-60/25	500 V、60 A、配熔体 25 A	3
		FU2	螺旋式熔断器	RL1-15/2	500 V、15 A、配熔体 2 A	2
		KM1、KM2	交流接触器	CJ10-20	20 A、线圈电压 380 V	2
		KH	热继电器	JR36-20	3 极、20 A、热元件 11 A、整定电流 8.8 A	1
		SB1~SB3	按钮	LA10-3H	保护式、380 V、5 A、按钮数 3	1
		XT	端子板	JX2-1015	380 V、10 A、15 节	1
		—	主电路线	—	BV 1.5 m^2 和 BVR 1.5 m^2（黑色）	若干
		—	控制电路线	—	BV 1.1 m^2（红色）	若干
		—	按钮线	—	BVR 0.75 mm^2（红色）	若干
		—	接地线	—	BVR 1.5 mm^2（黄绿双色）	若干
			控制板	—	500 mm × 400 mm × 20 mm	1
		—	紧固体及编码套管	—	—	若干

（二）实训过程

1. 安装与检修倒顺开关正反转控制线路

自编安装步骤，并熟悉其工艺要求，经教师审查合格后，开始安装训练。安装注意事项如下：

（1）倒顺开关的进出线接线切不可接错。接线时，应看清开关线端标记，保证 L1、L2、L3 接电源，U、V、W 接电动机。否则会造成两相电源短路。

（2）倒顺开关的金属外壳和电动机等必须可靠接地，且必须将接地线接到倒顺开关指定的接地螺钉上，切忌接在开关的罩壳上。

（3）如果作为临时性装置安装，比如将倒顺开关安装在墙上（属于半移动形式）时，接到电动机的引线可采用 BVR 1.5 m^2（黑色）塑铜线或 YHZ 4 × 1.5 m^2 橡皮电缆线，并采用金属软管保护；若将开关与电动机一起安装在同一金属结构件或支架上（属于移动形式）时，开关的电源进线必须采用四脚插头和插座连接，并在插座前装低压熔断器或再加装隔离开关。可移动的引线必须完整无损，不得有接头，引线的长度一般不超过 2 m。

（4）倒顺开关的操作顺序要正确。

倒顺开关正反转控制线路常见故障及维修方法见表 2–5–2。

表 2–5–2　倒顺开关正反转控制线路常见故障及维修方法

常见故障	故障原因	维修方法
电动机不启动 电动机缺相	低压熔断器熔体熔断	查明原因，排除故障后更换熔体
	倒顺开关操作失控	修复或更换倒顺开关
	倒顺开关动、静触头接触不良	对触头进行修整

2. 安装接触器联锁正反转控制线路

编写安装步骤，并熟悉安装工艺要求。经教师审查同意后，根据图 2–5–2 完成接触器联锁正反转控制线路的安装。安装完成后的线路板如图 2–5–6 所示。安装注意事项如下：

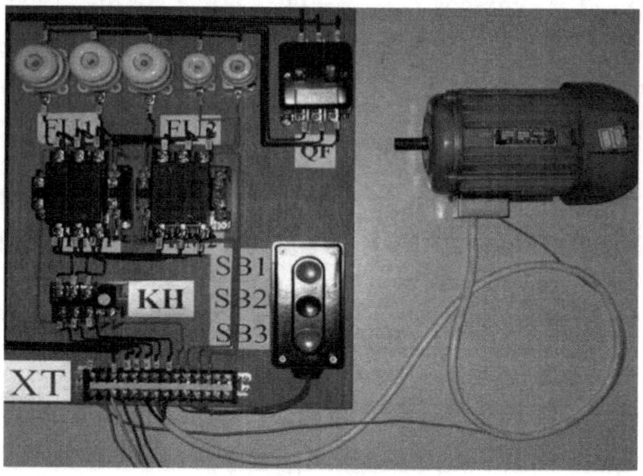

图 2–5–6　接触器联锁正反转控制线路板

（1）接触器联锁触头接线必须正确，否则将会造成主电路中两相电源短路事故。

（2）通电试车时，应先合上 QF，再按下 SB1（或 SB2）及 SB3，看控制是否正常，并在按下 SB1 后再按下 SB2，观察有无联锁作用。

（3）训练应在规定的时间内完成，同时要做到安全操作和文明生产。训练结束后安装的控制板留用。

3. 安装双重联锁正反转控制线路

（1）根据图 2–5–3 所示的电路图，将图 2–5–2（c）改画成双重联锁正反转控制线路的接线图。

（2）根据双重联锁正反转控制线路的电路图和接线图，将安装好的接触器联锁正反转控制线路板改装成双重联锁正反转控制线路板。通电试车时，注意体会该线路的优点。

4. 检修双重联锁正反转控制线路

（1）故障设置在控制电路或主电路中，人为设置电气自然故障两处。

（2）教师进行示范检修时，注意观察体会下述检修步骤及要求，直至故障排除。

①用试验法来观察故障现象。主要注意观察电动机的运行情况、接触器的动作情况和线路的工作情况等，如发现有异常情况，应马上断电检查。

②用逻辑分析法缩小故障范围，并在电路图中用虚线标出故障部位的最小范围。

③用测量法准确、迅速地找出故障点。

④根据故障点的不同情况，采取正确的修复方法，迅速排除故障。

⑤排除故障后通电试车。

（3）教师示范检修后，再由教师重新设置两个故障点，由学生进行检修。

（4）检修注意事项。

①要认真听取和仔细观察教师在示范过程中的讲解和检修操作。

②要熟练掌握电路图中各个环节的作用。

③在排除故障的过程中，分析思路和排除方法要正确。

④工具和仪表使用要正确。

⑤不能随意更改线路和带电触摸电器元件。

⑥带电检修故障时，必须有教师在现场监护，并要确保用电安全。

⑦检修必须在规定的时间内完成。

四、任务评价

评分标准见表 2–5–3。

表 2–5–3　评分标准

考核项目	考核内容	配分	得分
选用工具、仪表及器材	工具、仪表选择正确	15 分	
	电器元件型号和规格选择正确		
	正确选择元件数量，写全型号规格		
装前检查	电器元件检查	5 分	
	电动机安装符合要求		
	控制板安装符合要求		
	电器布置合理		
	元件安装牢固		
	元件安装整齐、匀称、合理		
	未损坏元件		

续表

<table>
<tr><th>考核项目</th><th colspan="6">考核内容</th><th>配分</th><th>得分</th></tr>
<tr><td rowspan="6">安装布线</td><td colspan="6">按电路图接线</td><td rowspan="6">20 分</td><td rowspan="6"></td></tr>
<tr><td colspan="6">布线符合要求</td></tr>
<tr><td colspan="6">接点无松动、无露铜过长、无反圈等</td></tr>
<tr><td colspan="6">未损伤导线绝缘层或线芯</td></tr>
<tr><td colspan="6">编码套管安装正确</td></tr>
<tr><td colspan="6">接地线安装正确</td></tr>
<tr><td rowspan="2">故障分析</td><td colspan="6">故障分析、排除故障思路正确</td><td rowspan="2">10 分</td><td rowspan="2"></td></tr>
<tr><td colspan="6">标注电路故障范围</td></tr>
<tr><td rowspan="10">排除故障</td><td colspan="6">停电、验电</td><td rowspan="10">20 分</td><td rowspan="10"></td></tr>
<tr><td colspan="6">工具及仪表使用正确</td></tr>
<tr><td colspan="6">排除故障的顺序正确</td></tr>
<tr><td colspan="6">能查出故障点</td></tr>
<tr><td colspan="6">能查出故障点，且能排除</td></tr>
<tr><td colspan="6">产生新的故障（能排除或已经排除）</td></tr>
<tr><td colspan="6">未损坏电动机</td></tr>
<tr><td colspan="6">未损坏电器元件，或排除故障方法正确</td></tr>
<tr><td colspan="6">热继电器整定或整定正确</td></tr>
<tr><td colspan="6">熔体规格选用恰当</td></tr>
<tr><td rowspan="3">通电试车</td><td colspan="6">第一次试车成功</td><td rowspan="3">20 分</td><td rowspan="3"></td></tr>
<tr><td colspan="6">第二次试车成功</td></tr>
<tr><td colspan="6">第三次试车成功</td></tr>
<tr><td>安全文明生产</td><td colspan="6">严格遵守安全文明生产规程，操作规范，遵守纪律</td><td>5 分</td><td></td></tr>
<tr><td>团队合作</td><td colspan="6">团队协作好，工作规范整洁</td><td>5 分</td><td></td></tr>
<tr><td>开始时间</td><td></td><td>结束时间</td><td></td><td>实际时间</td><td></td><td></td><td>成绩</td><td></td></tr>
</table>

五、知识测评

1. 如何使电动机改变转向？

2. 用倒顺开关控制电动机正反转时，为什么不允许把手柄从“顺”的位置直接扳到“倒”的位置？

3. 图 2–5–7 所示控制线路只能实现电动机的单向启动和停止。在图中画出接触器和按钮能使电动机反转的控制线路，并使线路具有接触器联锁保护作用。

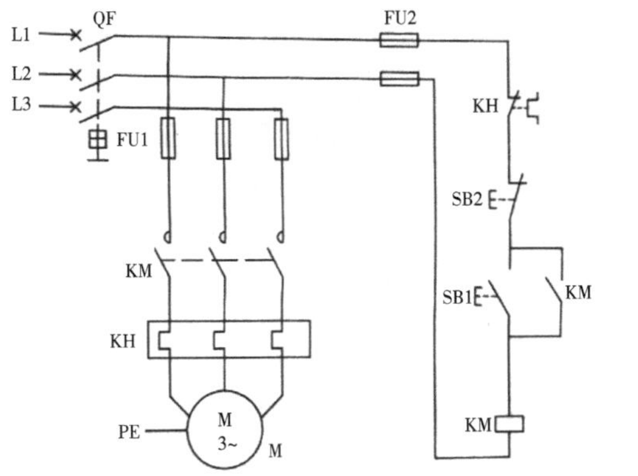

图 2-5-7　控制线路

4. 图 2-5-8 所示主电路或控制电路能否实现正反转控制？若不能，说明其原因。

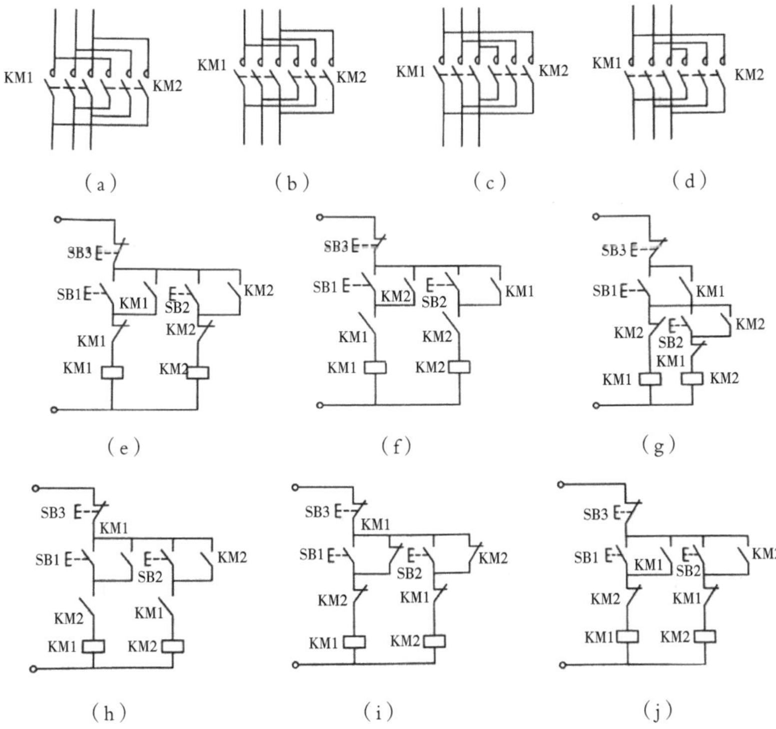

图 2-5-8　电路图

5. 什么是联锁控制？在电动机正反转控制线路中为什么必须有联锁控制？指出图 2-5-9 所示控制电路中哪些电器元件起联锁作用。各线路有什么优缺点？

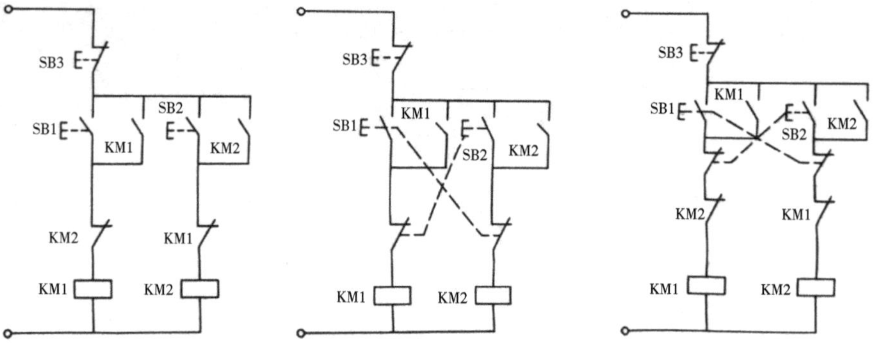

（a）　　（b）　　（c）

图 2–5–9　电动机正反转控制线路

6. 画出点动的双重联锁正反转控制线路的电路图。

7. 图 2–5–10 所示为电动机正反转控制电路图，请检查图中哪些地方画错了，并加以改正，说明改正的原因。

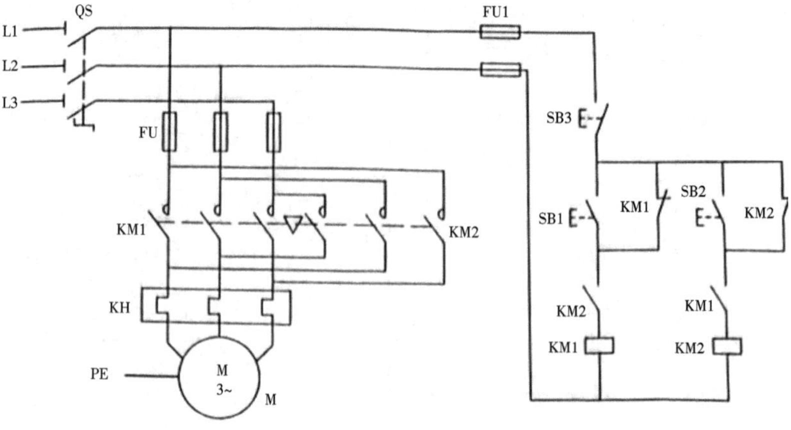

图 2–5–10　电动机正反转控制电路图

8. 某车床有两台电动机，一台是主轴电动机，要求能正反转控制；另一台是冷却液泵电动机，只要求正转控制；两台电动机都要求有短路、过载、欠压和失压保护，设计满足要求的电路图。

任务六　三相笼型异步电动机的位置控制与自动往返控制线路

一、任务目标

（一）知识目标

1. 理解、掌握位置控制线路的构成和工作原理。
2. 理解、掌握自动往返控制线路的构成和工作原理。
3. 通过接线训练，进一步加深理解自动往返控制线路的特点。

（二）技能目标

1. 通过对位置控制线路和自动往返控制线路的分析，总结出线路的动作原理、线路特点。
2. 能够正确绘制位置控制线路和自动往返控制线路的电气原理图。
3. 能够进行自动往返控制线路的安装。
4. 掌握自动往返控制线路的调试方法。

（三）素养目标

学生能够通过学习资料的整理和总结，在做中学、在学中做，培养良好的工作习惯和团队合作精神。

二、相关知识

（一）位置控制线路

图 2–6–1 所示是工厂车间里的行车常采用的位置控制电路图，与接触器联锁正反转控制电路图认真比较一下，两者有什么不同？试分析该线路的工作原理。

在日常的生产过程中，某些生产机械运动部件的行程或位置要受到限制，比如在万能铣床、摇臂钻床、桥式起重机、镗床及各种自动或者半自动控制的机床设备中就经常遇到这种控制要求。

图 2–6–1 所示是工厂车间里的行车常采用的位置控制电路图，在图的右下角是行车运动示意图，在行车运行路线的两边终点处分别安装一个行程开关 SQ1 和 SQ2，它们的常闭触头分别串联接在正转控制电路和反转控制电路中。当安装在行车前、后的挡铁 1 或挡铁 2 撞击行程开关的滚轮时，行程开关的常闭触头分断，从而切断控制电路，迫使行车自动停止。

生产机械运动部件上的挡铁与行程开关碰撞，使其触头动作来接通或断开电路，以实现对生产机械运动部件的位置或行程的自动控制的方法称为位置控制，又称行程控制或限位控制。实现这种控制要求所依靠的主要电器是行程开关。

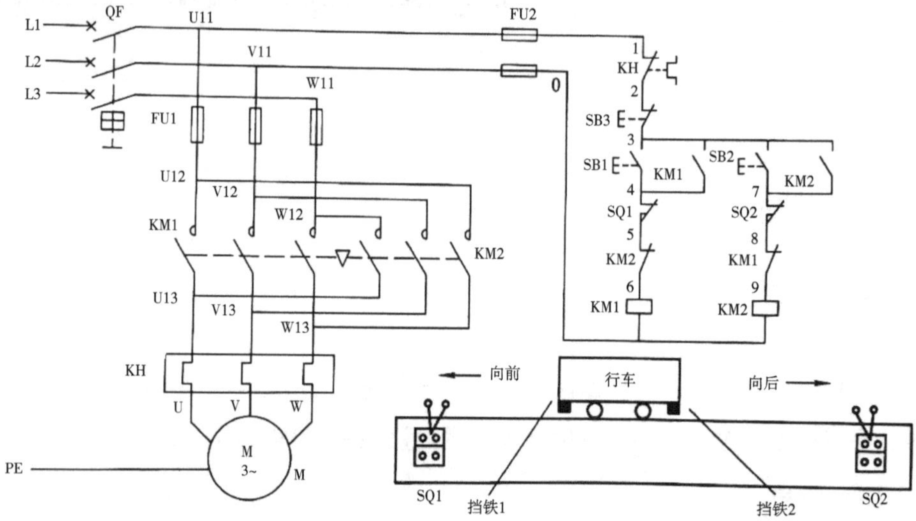

图 2–6–1　位置控制电路图

图 2–6–1 所示位置控制线路的工作原理请参照接触器联锁正反转控制线路自行分析。行车的行程和位置可通过移动行程开关的安装位置来调节。

（二）自动往返控制线路

在日常生产实际中，某些生产机械（如磨床）的工作台要求能在一定行程内自动往返运动，以便实现对工件的连续加工，从而提高生产效率。这就需要电气控制线路能够控制电动机实现自动转换正反转控制。

由行程开关 SQ1、SQ2、SQ3 和 SQ4 控制的工作台自动往返控制线路如图 2–6–2 所示。右下角是工作台自动往返运动的示意图。

为了使电动机的正反转控制与工作台的左右运动相配合，在控制线路中设置了四个行程开关 SQ1、SQ2、SQ3 和 SQ4，并把它们安装在工作台需要限位的地方。其中 SQ1 和 SQ2 用来自动转换电动机正反转控制电路，实现工作台的自动往返；SQ3 和 SQ4 用作终端保护，防止 SQ1、SQ2 失灵，工作台越过限定位置而造成安全事故。在工作台边的 T 形槽中装有两块挡铁，挡铁 1 只能和 SQ1、SQ3 相碰撞，挡铁 2 只能和 SQ2、SQ4 相碰撞。当工作台运动到所限位置时，挡铁碰撞行程开关，使其常开、常闭触头动作，自动转换电动机的正反转控制线路，通过机械传动机构使工作台自动往返运动。工作台行程长短可通过移动挡铁位置来调节，缩短两块挡铁间的距离，行程变长，反之则变短。

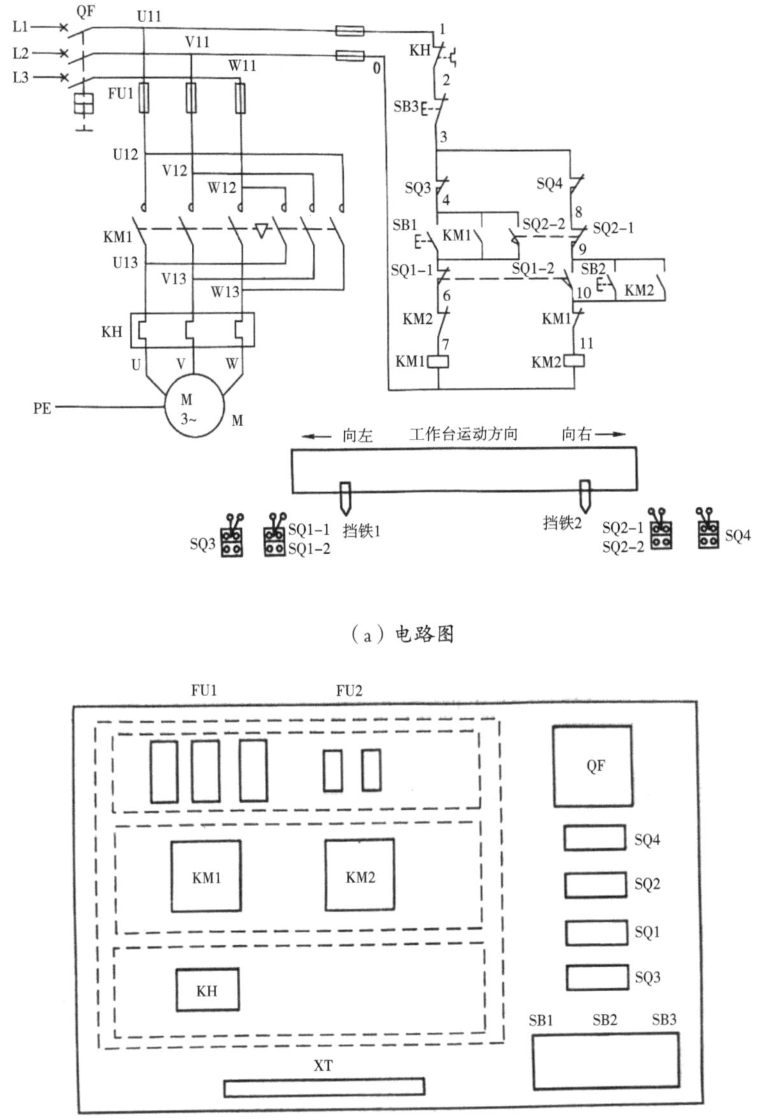

（a）电路图

（b）布置图

图 2-6-2　工作台自动往返控制线路

三、任务实训

工作台自动往返控制线路的安装与检修

（一）工具、仪表及器材

根据三相笼型异步电动机 Y112M-4 的技术数据和图 2-6-2 所示工作台自动往返控制线路，选用工具、仪表及器材（见表 2-6-1）。

表 2-6-1　工具、仪表及器材

工具	仪表	器材				
		代号	名称	型号	规格	数量
测电笔	ZC25-3 型兆欧表	M	三相笼型异步电动机	Y112M-4	4 kW、380 V、8.8 A、△形接法、1 440 r/min	1
		QF	低压断路器	DZ5-20/330	3 极、复式脱扣器、380 V、20 A	1
		FU1	低压熔断器	RL1-60/25	500 V、60 A、配熔体 25 A	3
		FU2	低压熔断器	RL1-25/2	500 V、15 A、配熔体 2 A	2
		KM1、KM2	交流接触器	CJ10-20	20 A、线圈电压 380 V	2
		KH	热继电器	JR36-20	3 极、20 A、热元件 11 A、整定电流 8.8 A	1
		SQ1~SQ4	行程开关	JLXK1-111	单轮旋转式	4
		SB1~SB3	按钮	LA10-3H	保护式、380 V、5 A、按钮数 3	1
		XT	端子板	JD0-1020	380 V、10 A、20 节	若干
		—	主电路线	—	BVR 1.5 m^2（7 × 0.52 mm）（黑色）	若干
		—	控制电路线	—	BVR 1 m^2（7 × 0.43 × 0.43 mm）（红色）	若干
		—	按钮线	—	BVR 0.75 m^2（红色）	若干
		—	接地线	—	BVR 1.5 m^2（黄绿双色）	若干
		—	走线槽	—	18 mm × 25 m	若干
		—	控制板	—	500 mm × 400 mm × 20 mm	1
		—	紧固体及编码套管	—	—	若干
		—	针形及叉形轧头	—	—	若干
		—	金属软管	—	—	若干

（二）实训过程

1. 安装训练

（1）检验所选所有电器元件的质量。

（2）在控制板上按照平面布置图来安装走线槽和所有电器元件，并贴上醒目的文字符号。安装走线槽时，应做到排列整齐匀称、便于走线、横平竖直、安装牢固。

（3）按照图 2-6-2（a）所示电路图进行板前线槽配线，并在导线端部套编码套管和冷压接线头。板前线槽配线的工艺要求如下：

①所有导线的横截面积大于或等于 0.5 m^2 时，必须采用软线。考虑机械强度的原因，所用导线的最小横截面积在控制箱外为 1 m^2，在控制箱内为 0.75 m^2。但对控制箱内通过很小电流的电路连线，如电子逻辑电路，可用 0.2 m^2，并且可以采用硬线，但只能用于不移动而且没有振动的场合。

②布线时，严禁损伤导线绝缘层和线芯。

③各电器元件接线端子引出导线的走向以元件的水平中心线为界限。在水平中心线以上接线端子引出的导线，必须进入元件上面的走线槽；在水平中心线以下接线端子引出的导线，必须进入元件下面的走线槽。任何导线都不允许从水平方向进入走线槽内。

④各电器元件接线端子上引入或引出的导线，除元件机械强度很差或间距很小时允许直接架空敷设外，其他导线必须经过走线槽进行连接。

⑤进入走线槽内的导线要完全置于走线槽内，并应尽可能避免交叉，装线不要超过其容量的 70%，以便于能盖上线槽盖和以后的装配及维修。

⑥各电器元件与走线槽之间的外露导线，应合理走线，并尽可能做到横平竖直，垂直变换走向。同一个元件上位置一致的端子和同型号电器元件中位置一致的端子上，引出或引入的导线，要敷设在同一平面上，并应做到高低一致或前后一致，不得交叉。

⑦所有接线端子、导线线头上，都应套有与电路图上相应接点线号一致的编码套管，并按线号进行连接，连接必须牢固，不得松动。

⑧在任何情况下，接线端子都必须与导线横截面积和材料性质相适应。当接线端子不适合连接软线或不适合连接较小横截面积的软线时，可以在导线端头穿上针形或叉形轧头并压紧。

⑨一般一个接线端子只能连接一根导线，如果采用专门设计的端子，可以连接两根或多根导线，但导线的连接方式必须是公认的，且在工艺上成熟的，如夹紧、压接、焊接、绕接等，并应严格按照连接工艺的工序要求进行。

（4）根据图 2-6-2（a）所示电路图检查控制板内部布线的正确性。

（5）安装电动机。

（6）连接电动机和按钮金属外壳的保护接地线。

（7）连接电源、电动机等控制板外部的导线。

（8）自检。

（9）交验。

（10）交验合格后通电试车。

安装过程中，应注意以下问题：

（1）行程开关可以先安装好，不占定额时间。行程开关必须牢固安装在合适的位置上。安装后，必须用手动工作台或受控机械进行试验，合格后才能使用。训练中，若无条件进行实际机械安装试验时，可将行程开关安装在控制板上方（或下方）两侧，进行手控模拟试验。

（2）通电校验时，必须先手动控制行程开关，试验各行程控制和终端保护动作是否正常可靠。

（3）走线槽安装后可不必拆卸，以供后面任务训练时使用。安装走线槽的时间不计入定额时间内。

（4）通电校验时，必须有教师在现场监护，学生应根据电路的控制要求独立进行校验，若出现故障也应自行排除。

（5）安装训练应在规定的定额时间内完成，同时要做到安全操作和文明生产。

2. 检修训练

在图 2–6–2（a）所示的主电路或控制电路中，人为设置电气自然故障两处。学生自编检修步骤，经教师审查合格后开始检修。检修时注意事项如下：

（1）检修前，首先要掌握电路图中各个控制环节的作用和工作原理。

（2）在检修过程中，如果扩大和产生了新的故障，要立即停止检修。

（3）检修方法和思路要正确。

（4）寻找故障现象时，千万不要漏检行程开关，严禁在行程开关 SQ3、SQ4 上设置故障。

（5）如需带电检修故障，必须有教师在现场监护，确保用电安全。

（6）检修过程必须在规定时间内完成。

四、任务评价

评分标准见表 2–6–2。

表 2–6–2 评分标准

考核项目	考核内容	配分	得分
选用工具、仪表及器材	工具、仪表选择正确	15 分	
	电器元件型号和规格选择正确		
	写全型号规格或正确选择元件数量		
装前检查	电器元件检查	10 分	
	电器布置合理		
	电器元件安装牢固		
	电器元件安装整齐、匀称、合理		
	未损坏电器元件		
	走线槽安装符合要求		
安装布线	按电路图要求接线	15 分	
	布线符合要求		
	接点无松动、无露铜过长、无反圈等		
	未损伤导线绝缘层或线芯		
	编码套管安装正确		
	接地线安装正确		

续表

考核项目	考核内容					配分	得分
故障分析	故障分析、排除故障思路正确					10 分	
	标注电路故障范围						
排除故障	停电、验电					20 分	
	工具及仪表使用正确						
	排除故障的顺序正确						
	能查出故障点						
	能查出故障点，且能排除						
	产生新的故障（能排除或已经排除）						
	未损坏电动机						
	未损坏电器元件，或排除故障方法正确						
	热继电器整定或整定正确						
	熔体规格选用恰当						
通电试车	第一次试车成功					20 分	
	第二次试车成功						
	第三次试车成功						
安全文明生产	严格遵守安全文明生产规程，操作规范，遵守纪律					5 分	
团队合作	团队协作好，工作规范整洁					5 分	
开始时间		结束时间		实际时间		成绩	

五、知识测评

1. 什么是位置控制？某工厂车间需用一行车，要求按图 2-6-3 所示的示意图运动。画出满足要求的控制电路图。

2. 若使示意图 2-6-3 中的行车启动后自动往返运动，其控制电路图应如何设计？

3. 图 2-6-4 所示为工作台自动往返控制线路的主电路，请补画出控制电路，说明四个行程开关 SQ1、SQ2、SQ3 和 SQ4 的作用。

4. 简述板前线槽配线的工艺要求。

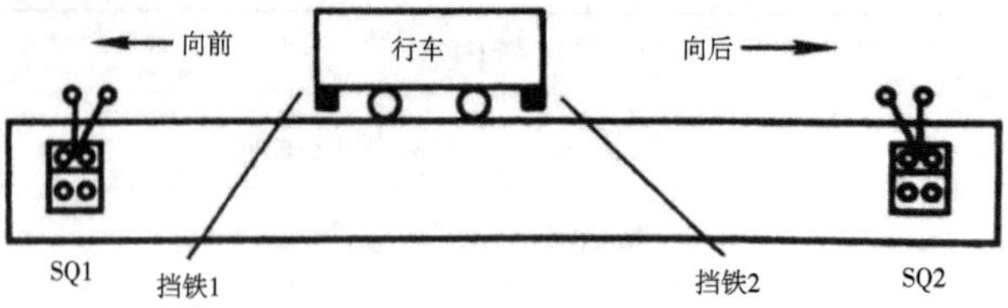

图 2-6-3 控制电路图

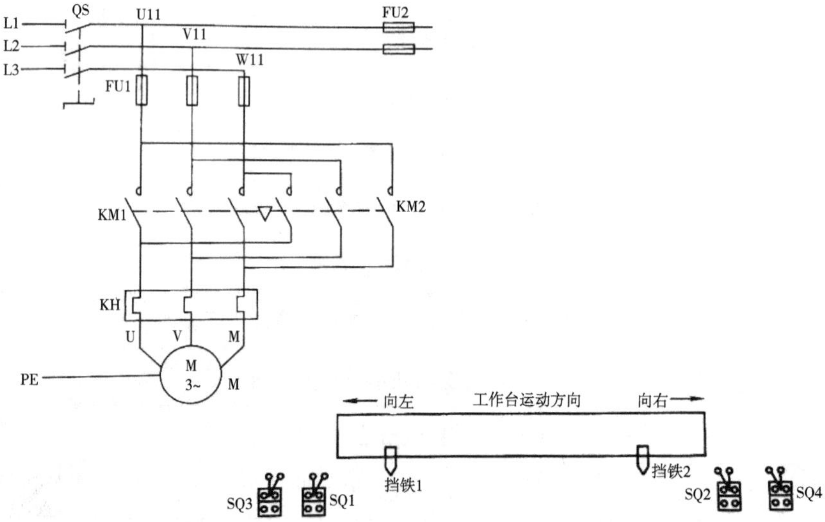

图 2-6-4 工作台自动往返控制线路的主电路

任务七　三相鼠笼式异步电动机的顺序控制线路

一、任务目标

（一）知识目标

1. 能够正确识读顺序控制线路的原理图、接线图和布置图。

2. 掌握电动机顺序控制线路的构成和工作原理。

（二）技能目标

1. 掌握常用低压电器的用途、外形、选用及安装方法。

2. 会正确使用各种常用电工工具，能够按照工艺要求正确安装两台电动机顺序启动逆序停止控制线路。

3. 能够正确使用常用的电工仪器仪表进行电路检测，掌握电动机控制线路的故障分析与检修方法。

（三）素养目标

1. 能够通过学习资料的整理和总结，理解顺序控制线路的设计方法与技巧。

2. 了解典型生产案例及机床的控制要求，了解现代低压电器的应用及发展方向。

二、相关知识

在装有多台电动机的生产机械上，各个执行机构要按照生产工艺预先规定的顺序，自动、有秩序地进行操作，多台电动机需要按一定的顺序启动或停止，才能保证操作过程的合理和工作的安全可靠。

X62W 型卧式万能铣床加工范围广，运动形式多，其结构如图 2–7–1 所示。主运动是主轴电动机带动刀杆和铣刀的旋转运动，进给运动是工作台带动工件的运动。加工时要求主轴电动机先启动带动铣刀旋转后，工作台进给电动机才能启动带动工件运动。M7120 型平面磨床是用磨具对工件表面进行磨削加工的一种机床，加工时要求当砂轮电动机启动后，冷却泵电动机才能启动。

多台电动机必须按一定的先后顺序启动或停止的控制方式，称为电动机的顺序控制。在电气控制线路中，顺序控制是应用很广泛的，经常被用在机床、传送带、工业流水线、机械手等控制当中。

三相鼠笼式异步电动机的顺序控制可以在主电路中实现，也可以在控制电路中实现。

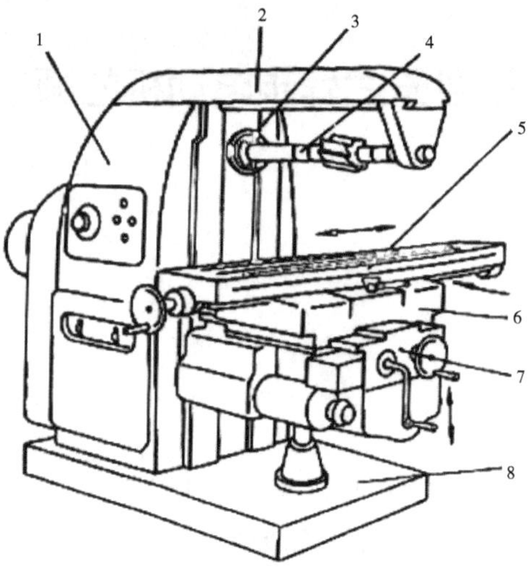

图 2–7–1　X62W 型卧式万能铣床结构

注：1—床身；2—悬梁 3—主轴；4—铣刀心轴；5—工作台；6—床鞍；7—升降台；8—底座。

（一）主电路实现顺序控制

图 2–7–2 所示是两种主电路实现电动机顺序控制的电路图，其共同特点是后启动电动机的主电路接在先启动电动机的交流接触器的主触头下面。

在图 2–7–2（a）所示控制线路中，电动机 M2 通过接插器 X 及热继电器 KH2 接在接触器 KM 主触头的下面。接插器 X 只有插入和拔除两种状态，插入时即可连通电路，拔除时即可断开电路。只有当接触器 KM 主触头闭合，电动机 M1 启动运转后，电动机 M2 才可能接通电源运转。M7120 型平面磨床的砂轮电动机和冷却泵电动机就采用了这种顺序控制线路。

在图 2–7–2（b）所示控制线路中，电动机 M1 和 M2 分别通过接触器 KM1 和 KM2 来控制，接触器 KM2 的主触头接在接触器 KM1 主触头的下面，这样就保证了只有在接触器 KM1 主触头闭合、电动机 M1 启动运转后，电动机 M2 才可能接通电源运转，实现顺序控制。线路的工作原理如下：

先合上电源开关 QF。

M1、M2 顺序启动：

按下 SB1 ——→KM1 线圈得电 ——→KM1 主触头闭合 ——→
　　　　　　　　　　　　　└——→KM1 自锁触头闭合自锁 ——┘

——→电动机 M1 启动连续运转
└——→再按下 SB2——→ KM2 线圈得电 ——→KM2 主触头闭合 ——→
　　　　　　　　　　　　　　　　　└——→KM2 自锁触头闭合自锁 ——┘

——→电动机 M2 启动连续运转

M1、M2 同时停转：

按下 SB3 ——→控制电路失电 ——→KM1、KM2 主触头分断 ——→M1、M2 同时停转

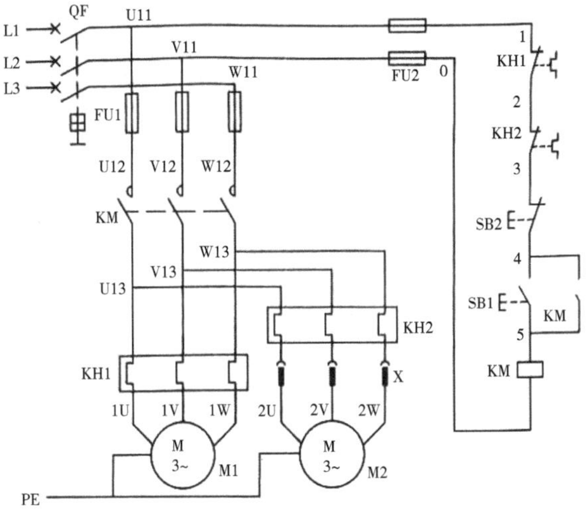

（a）

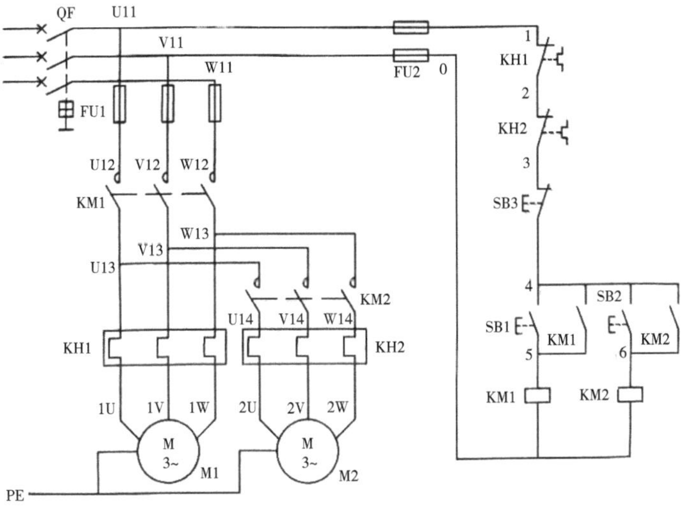

（b）

图 2-7-2　主电路实现电动机顺序控制的电路图

（二）控制电路实现顺序控制

图 2-7-3 所示是几种在控制电路中实现电动机顺序控制的电路图。在几台电动机按先后顺序启动的线路中，后启动电动机的接触器线圈电路中必须串联先启动电动机接触器的常开辅助触头。在几台电动机按先后顺序停止的线路中，必须在后停止电动机的接触器的停止按钮两端，并联先停止电动机的接触器的常开辅助触头。

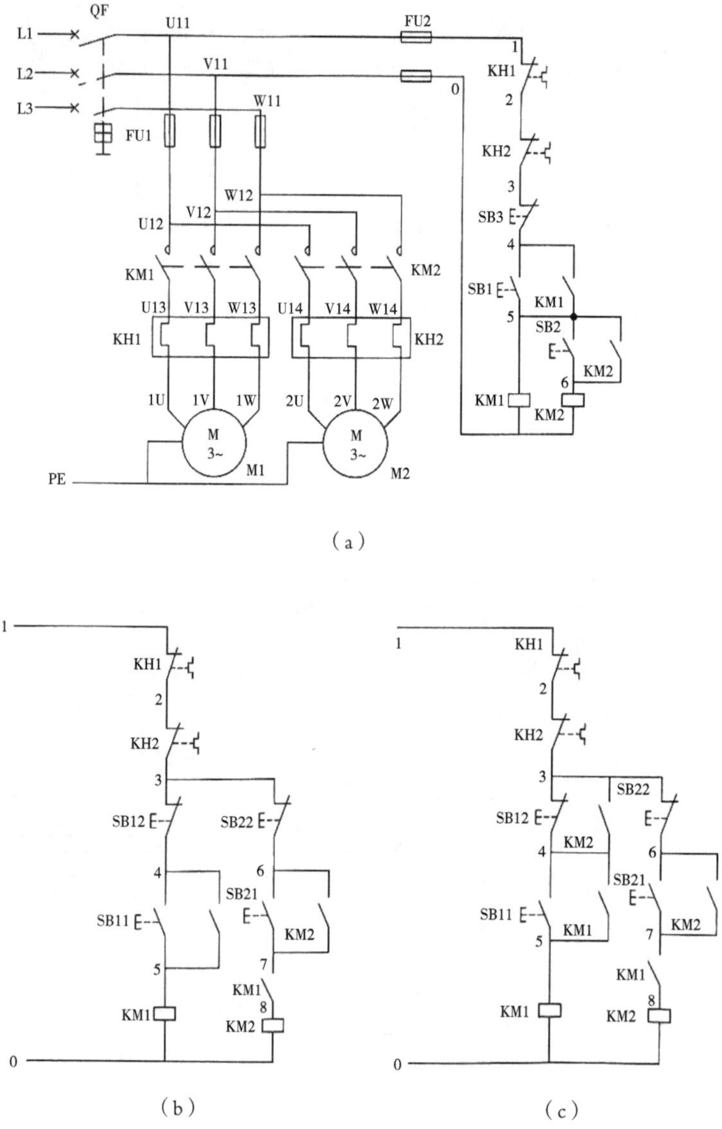

图 2-7-3　控制电路实现电动机顺序控制的电路图

图 2-7-3（a）所示控制电路中，电动机 M2 的控制电路先与接触器 KM1 的线圈并联后，再与 KM1 的自锁常开辅助触头串联，这样就保证了 M1 启动后，M2 才能启动的顺序控制要求。

图 2-7-3（b）所示控制电路中，在电动机 M2 的控制电路中，串联了接触器 KM1 的常开辅助触头。只要电动机 M1 不启动，即使按下 SB21，由于接触器 KM1 的常开辅助触头未闭合，接触器 KM2 线圈也无法得电，从而保证了电动机 M1 启动后电动机 M2 才能启动的控制要求。电路中停止按钮 SB12 控制两台电动机同时停止，SB22 控制电动机 M2 的单独停止。

图 2-7-3（c）所示控制电路是在图 2-7-3（b）所示电路中的 SB12 的两端并联了接触器 KM2 的常开辅助触头，从而实现了电动机 M1 启动后电动机 M2 才能启动、电动机 M2 停止后电动机 M1 才能停止的控制要求，即电动机 M1、M2 顺序启动，逆序停止。

三、任务实训

两台电动机顺序启动、逆序停止控制线路的安装

(一)工具、仪表及器材

工具、仪表及器材的选用见表 2–7–1。

表 2–7–1　工具、仪表及器材

工具	仪表	器材				
		符号	名称	型号	规格	数量
低压试电笔、螺丝刀、钢丝钳、尖嘴钳、斜口钳、剥线钳、电工刀等	ZC25–3 型兆欧表(500 V、0~500 MΩ)、MG3–1 型钳形电流表、MF47 型万用表	M1	三相鼠笼式异步电动机	Y112M–4	4 kW、380 V、8.8 A、△形接法、1 440 r/min	1
		M2	三相鼠笼式异步电动机	Y90S–2	1.5 kW、380 V、3.4 A、Y 形接法、2 845 r/min	1
		QF	螺旋式低压断路器	DZ5–20/330	3 极、复式脱扣器、380 V、20 A	1
		FU1	螺旋式熔断器	RL1–60/25	500 V、60 A、配熔体 25 A	3
		FU2	螺旋式熔断器	RL1–15/2	500 V、15 A、配熔体 2 A	2
		KM1	交流接触器	CJT1–20	20 A、线圈电压 380 V	1
		KM2	交流接触器	CJT1–10	10 A、线圈电压 380 V	1
		KH1	热继电器	JR36–20/3	3 极、20 A、整定电流 8.8 A	1
		KH2	热继电器	JR36–20/3	3 极、20 A、整定电流 3.4 A	1
		SB	按钮	LA4–3H	保护式、按钮数 3	2
		XT	端子板	JD0–1020	380 V、10 A、20 节	1
		—	控制板	—	500 mm × 400 mm × 20 mm	1
		—	主电路线	—	BVR 1.5 mm^2(黑色)	若干
		—	控制电路线	—	BVR 1 mm^2(红色)	若干
		—	按钮线	—	BVR 0.75 mm^2(红色)	若干
		—	接地线	—	BVR 1.5 mm^2(黄绿双色)	若干
		—	走线槽	—	25 mm × 25 mm	若干
		—	紧固体及编码套管	—	—	若干
		—	针形及叉形轧头	—	—	若干
		—	金属软管	—	—	若干

（二）实训过程

1. 按表 2–7–1 配齐所用电工工具、仪表和器材，并检验电器元件质量。

2. 根据图 2–7–3 所示控制电路实现电动机顺序控制的电路图［图（a）主电路与图（c）控制电路］，绘制元件布置图。

3. 按布置图将走线槽和所有电器元件安装在控制板上，并贴上醒目的文字符号。

4. 按照原理图中标注的线号顺序进行板前线槽布线，并在导线端部套编码套管和冷压接线头。

5. 安装电动机。

6. 连接电动机和电器元件金属外壳的保护接地线。

7. 连接控制板外部的导线。

8. 使用仪器仪表分别对主电路和控制电路进行自查。

9. 交验检查无误后通电试车。

（三）注意事项

1. 通电试车前，应熟悉线路的操作顺序，即先合上电源开关 QF，顺序启动时，需先按下 SB11，待电动机 M1 启动后，才能按下 SB21 启动电动机 M2；逆序停止时，需先按下 SB22，待电动机 M2 停止后，再按下 SB12 停止电动机 M1。

2. 通电试车时，要注意观察电动机、各电器元件及线路等各部分工作是否正常。若发现异常情况，应立即切断电源开关 QF，而不是按下 SB12，因为此时停止按钮 SB12 可能已失去作用。

四、任务评价

评分标准见表 2–7–2。

表 2–7–2　评分标准

考核项目	考核内容	配分	得分
选用工具、仪表及器材	工具、仪表选择正确	15 分	
	电器元件型号和规格正确选择		
	写全型号规格或正确选择元件数量		
装前检查	电器元件检查	10 分	
	电器布置合理		
	电器元件安装牢固		
	电器元件安装整齐、匀称、合理		
	未损坏电器元件		
	走线槽安装符合要求		

续表

<table>
<tr><th>考核项目</th><th colspan="6">考核内容</th><th>配分</th><th>得分</th></tr>
<tr><td rowspan="6">安装布线</td><td colspan="6">按电路图要求接线</td><td rowspan="6">15 分</td><td rowspan="6"></td></tr>
<tr><td colspan="6">布线符合要求</td></tr>
<tr><td colspan="6">接点无松动、无露铜过长、无反圈等</td></tr>
<tr><td colspan="6">未损伤导线绝缘层或线芯</td></tr>
<tr><td colspan="6">编码套管安装正确</td></tr>
<tr><td colspan="6">接地线安装正确</td></tr>
<tr><td rowspan="2">故障分析</td><td colspan="6">故障分析、排除故障思路正确</td><td rowspan="2">10 分</td><td rowspan="2"></td></tr>
<tr><td colspan="6">标注电路故障范围</td></tr>
<tr><td rowspan="10">排除故障</td><td colspan="6">停电验电</td><td rowspan="10">20 分</td><td rowspan="10"></td></tr>
<tr><td colspan="6">工具及仪表使用正确</td></tr>
<tr><td colspan="6">排除故障的顺序正确</td></tr>
<tr><td colspan="6">能查出故障点</td></tr>
<tr><td colspan="6">能查出故障点，且能排除</td></tr>
<tr><td colspan="6">产生新的故障（能排除或已经排除）</td></tr>
<tr><td colspan="6">未损坏电动机</td></tr>
<tr><td colspan="6">未损坏电器元件，或排除故障方法正确</td></tr>
<tr><td colspan="6">热继电器整定或整定正确</td></tr>
<tr><td colspan="6">熔体规格选用恰当</td></tr>
<tr><td rowspan="3">通电试车</td><td colspan="6">第一次试车成功</td><td rowspan="3">20 分</td><td rowspan="3"></td></tr>
<tr><td colspan="6">第二次试车成功</td></tr>
<tr><td colspan="6">第三次试车成功</td></tr>
<tr><td>安全文明生产</td><td colspan="6">严格遵守安全文明生产规程，操作规范，遵守纪律</td><td>5 分</td><td></td></tr>
<tr><td>团队合作</td><td colspan="6">团队协作好，工作规范整洁</td><td>5 分</td><td></td></tr>
<tr><td>开始时间</td><td></td><td>结束时间</td><td></td><td>实际时间</td><td></td><td></td><td>成绩</td><td></td></tr>
</table>

五、知识测评

1. 多台电动机必须按照一定的________启动或停止的控制方式，称为电动机的顺序控制。三相鼠笼式异步电动机可在________或________实现顺序控制。

2. 主电路实现电动机顺序控制的特点是：后启动的电动机的主电路必须接在先启动电动机交流接触器的________下面。

3. 控制电路实现电动机顺序启动控制的特点是：后启动电动机的控制电路必须________在先启动电动机接触器的自锁触头之后，并与其接触器线圈________；或者在后启动电动机的控制电路中，串联先启动电动机接触器的________触头。

4. 在几台电动机按先后顺序停止的线路中，必须在后停止接触器的________按钮两端________先停止接触器的________触头。

任务八　三相鼠笼式异步电动机的多地控制线路

一、任务目标

（一）知识目标

1. 能够正确识读多地控制线路的原理图、接线图和布置图。
2. 掌握电动机多地控制线路的构成和工作原理。

（二）技能目标

1. 会正确使用各类电工工具及常用电工仪表。
2. 能够按照工艺要求完成电动机多地控制线路的安装，并进行检修。

（三）素养目标

1. 能够自行分析多地控制线路的特点，掌握控制线路设计方法与技巧。
2. 能够合理分配时间，计划并掌握工作进展，培养良好的工作习惯和团队合作精神。

二、相关知识

三相鼠笼式异步电动机是一种常用的电动机类型，它广泛应用于各个领域，如工业、交通运输业、农业等。为了提高电动机的控制效率和方便性，在一些大型机床设备中，通常需要对电动机进行远程或者分布式控制，而两地控制便是其中一种实现方式。目前工矿企业中大部分设备，比如矿山的各种泵站、渣浆泵、煤气加压站、净水厂污水厂等几乎都是两地控制的，即中央控制室进行集中操作，每个设备的附近还配有操作箱，可以进行机旁操作，这样方便生产使用、方便维修。

能在两地或多地控制同一台电动机的控制方式称为电动机的多地控制。

图 2-8-1 所示为两地控制的具有过载保护的接触器自锁正转控制线路的电路图。其中 SB11、SB21 分别为安装在甲、乙两地的启动按钮，SB12、SB22 分别为安装在甲、乙两地的停止按钮。由图可知，要实现电动机的两地控制，安装在两地的启动按钮 SB11、SB21 要并联接在一起，停止按钮 SB12、SB22 要串联接在一起，便可以方便地在甲、乙两地对同一台电动机实现启动和停止控制，电动机多地控制原理相同。

线路的工作原理如下：

先合上电源开关 QF。

甲地启动和停止：按下 SB11，SB11 常开触头闭合，KM 线圈得电吸合，KM 接触器自锁触头闭合自锁，KM 接触器主触头闭合，电动机 M 启动连续运转。按下 SB12 按钮，SB12 常闭辅助触头分断，KM 接触器线圈失电，KM 接触器自锁触头分断解除自锁，KM 接触器主触头分断，电动机 M 失电停转。

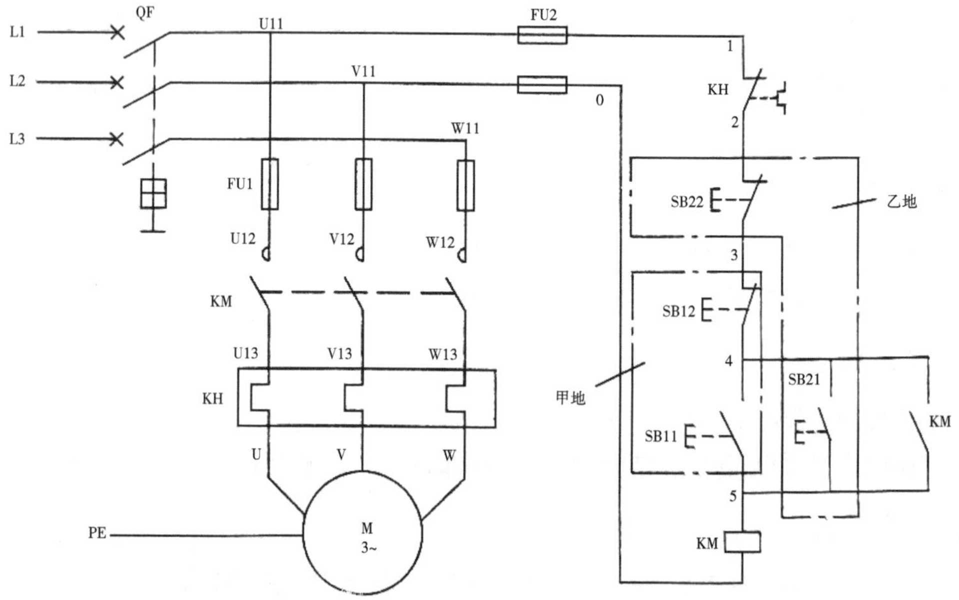

图 2-8-1　两地控制的具有过载保护的接触器自锁正转控制线路

乙地启动和停止：按下 SB21，SB21 常开触头闭合，KM 线圈得电吸合，KM 接触器自锁触头闭合自锁，KM 接触器主触头闭合，电动机 M 启动连续运转。按下 SB22 按钮，SB22 常闭辅助触头分断，KM 接触器线圈失电，KM 接触器自锁触头分断解除自锁，KM 接触器主触头分断，电动机 M 失电停转。

对于三地或多地控制，只要把各地的启动按钮并联、停止按钮串联就可以实现。

三、任务实训

两地控制的具有过载保护的接触器自锁正转控制线路的安装与检修

（一）安装训练

根据图 2-8-1 所示电路图，绘制布置图，然后参照任务二 ~ 四中的相关内容进行训练。

（二）检修训练

根据以下故障现象，同学之间相互设置故障点、查找故障点，并正确排除故障，把结果填入表 2-8-1 中。教师巡视指导并做好现场监护。

表 2-8-1　检修结果表

故障现象	故障点	排故方法
按下 SB11、SB21 电动机都不能启动		
电动机只能点动控制		
按下 SB11 电动机不启动，按下 SB21 电动机能启动		

四、任务评价

评分标准见表 2-8-2。

表 2-8-2　评分标准

考核项目	考核内容	配分	得分
选用工具、仪表及器材	工具、仪表选择正确	5 分	
	电器元件型号和规格选择正确		
	正确选择元件数量或写全型号规格		
装前检查	电器元件检查	5 分	
安装布线	电器布置合理	30 分	
	电器元件安装牢固		
	电器元件安装整齐、匀称、合理		
	未损坏电器元件		
	走线槽安装符合要求		
	按电路图要求接线		
	布线符合要求		
	接点无松动、无露铜过长、无反圈等		
	未损伤导线绝缘层或线芯		
	编码套管安装正确		
	接地线安装正确		
故障分析	故障分析、排除故障思路正确	10 分	
	标注电路故障范围		

续表

考核项目	考核内容		配分	得分
排除故障	停电验电		10 分	
	工具及仪表使用正确			
	排除故障的顺序正确			
	能查出故障点			
	能查出故障点，且能排除			
	产生新的故障（能排除或已经排除）			
	未损坏电动机			
	未损坏电器元件，或排除故障方法正确			
通电试车	热继电器整定或整定正确		20 分	
	熔体规格选用恰当			
	第一次试车成功			
	第二次试车成功			
	第三次试车成功			
安全文明生产	严格遵守安全文明生产规程，操作规范，遵守纪律		10 分	
定额时间	总时长 4 h		10 分	
备注	除定额时间外，各项内容的最高扣分不得超过配分分数		成绩	
开始时间		结束时间		实际时间	

五、知识测评

1. 能在________或________控制同一台电动机的控制方式称为电动机的多地控制。

2. 多地控制线路的接线特点是：各地的启动按钮要________，停止按钮要________。

3. 接线完成后，在断电的情况下，用万用表________挡进行如下检查。

（1）断开低压断路器 QF，安装好熔体，万用表笔接 QF 下端子 U11、V11（辅助电路电源线）处，若电路正常，万用表读数应为________；

（2）按下按钮 SB11，万用表读数应为________；

（3）松开按钮 SB11，按下按钮 SB21，万用表读数应为________；

（4）松开按钮 SB21，按下接触器主触点支架，万用表读数应为________；

（5）按住接触器主触点支架，再按下按钮 SB12，线路________，万用表读数应为________。

任务九　三相鼠笼式异步电动机的自耦变压器降压启动控制线路

一、任务目标

（一）知识目标

1. 能够正确识读自耦变压器降压启动控制线路的原理图、接线图和布置图。
2. 了解定子绕组串联电阻降压启动控制线路的构成和工作原理。
3. 了解自动控制补偿器降压启动控制线路的构成和工作原理。

（二）技能目标

1. 能够按照工艺要求正确安装自耦变压器降压启动控制线路。
2. 掌握电动机自耦变压器降压启动控制线路故障的分析方法与检修。

（三）素养目标

1. 了解专业发展方向，使学生逐步树立正确的职业理想。
2. 养成良好的职业素养，树立团结合作、爱岗敬业、开拓进取等观念。

二、相关知识

任务一 ~ 八中学习的各种控制线路在电动机启动时，直接将三相鼠笼式异步电动机的额定电压加在电动机定子绕组上，称为直接启动，又称为全压启动。直接启动的优点是电气设备数量较少，控制线路简单，维护量小。但三相鼠笼式异步电动机直接启动时存在启动电流较大的现象，通常为电动机额定电流的 4~7 倍。在电源容量不够大的情况下，较大容量电动机直接启动将导致电源输出电压下降，不仅会减小电动机本身的启动转矩，还会影响到同一供电线路中其他电气设备的正常运行。除此之外，启动时较大的启动转矩也会对机械设备产生冲击。因此，较大容量的电动机通常需要采用降压启动的方式进行启动，以达到减小启动电流的目的。

通常规定电源容量在 180 kV · A 以上、电动机容量在 7 kW 以下的三相鼠笼式异步电动机可采用直接启动。判断一台电动机能否直接启动，可以用下面的经验公式来确定，凡不满足直接启动条件的，均应采用降压启动。

$$\frac{I_{st}}{I_N} \leqslant \frac{3}{4} + \frac{S}{4P}$$

式中：I_{st}——电动机全压启动电流，A；

I_N——电动机额定电流，A；

S——电源容量，kV · A；

P——电动机功率，kW。

降压启动是指利用专用的启动设备或者采用电动机定子绕组换接或串联分压等方法，降低启动时加在电动机定子绕组上的电压，以达到减小电动机启动电流的目的。待电动机启动转速升高到一定值时，再使其电压恢复到额定电压正常运转。

由于电动机的转矩与其定子绕组的电压的平方成正比，降压启动也将导致电动机的启动转矩大幅度降低，因此降压启动需要在空载或轻载下进行。

常见的降压启动方法有定子绕组串联电阻降压启动、自耦变压器降压启动、Y- △降压启动、软启动器降压启动等，虽然方法各异，但目的都是为了减小启动电流。

（一）定子绕组串联电阻降压启动控制线路

1. 手动控制线路

图 2-9-1 所示为手动控制定子绕组串联电阻降压启动电路图，电动机启动时，把电阻 R 串联在电动机三相定子绕组与三相电源之间，通过电阻的分压作用来降低定子绕组上的启动电压。待电动机启动后，再手动操作开关 QS2 将各电阻短接，使电动机在额定电压下正常运行。这种启动方式不受电动机绕组 Y- △接线形式的限制，设备简单，经常应用在中小型机床控制电路中。

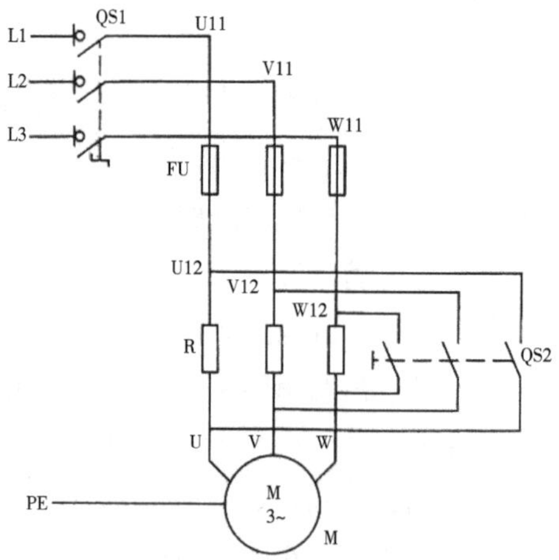

图 2-9-1　手动控制定子绕组串联电阻降压启动电路图

手动控制定子绕组串联电阻降压启动过程：先合上电源开关 QS1 →电动机 M 定子绕组串联电阻 R 进行降压启动 $\xrightarrow{\text{至电动机的转速升高到一定值时}}$ 合上 QS2 →电阻 R 被开关 QS2 的触头短接→电动机全压正常运转。

2. 时间继电器自动控制线路

图 2-9-1 所示为手动控制定子绕组串联电阻降压启动电路图，电动机从降压启动到全压运行是通过手动操作开关 QS2 来实现的，控制的方便性与可靠度受人为因素影响较大，在实际的生产应用中，通常采用时间继电器来自动完成电阻的短接操作，实现电动机降压启动的自动控制，图 2-9-2 所示为时间继电器自动控制定子绕组串联电阻降压启动的电路图。

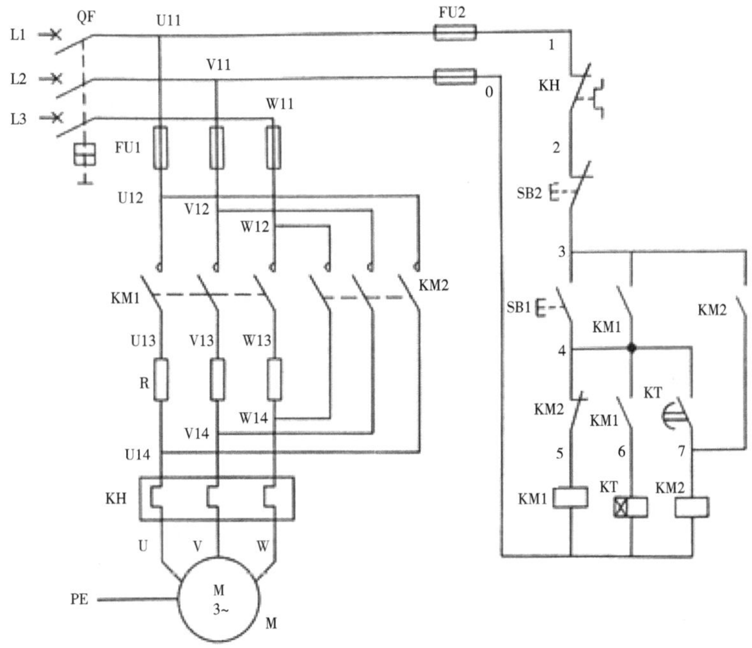

图 2-9-2 时间继电器自动控制定子绕组串联电阻降压启动电路图

图 2-9-2 所示线路中用接触器 KM2 的主触头代替了图 2-9-1 线路中的开关 QS2，来实现电阻 R 的短接，用时间继电器 KT 来控制电动机从降压启动到全压运行的时间，从而实现电动机降压启动的自动控制。只要调整好时间继电器 KT 触头的动作时间，电动机由降压启动过程切换为全压运行过程就能自动、准确、可靠地完成。

线路工作原理如下：

降压启动：先合上电源开关 QF。

按下 SB1 → KM1 线圈得电 →
- KM1 自锁触头闭合 → 电动机 M 串联电阻降压启动
- KM1 主触头闭合 ↗
- KM1 常开辅助触头闭合 → KT 线圈得电 →

—(至转速上升到一定值时，KT 延时结束)→ KT 常开触头闭合 → KM2 线圈得电 →
- KM2 自锁触头闭合自锁
- KM2 主触头闭合 → 电阻 R 被短接 → 电动机 M 全压运转
- KM2 常开辅助触头闭合 → KM1、KT 线圈先后失电，其触头复位

停止时，按下 SB2 即可。

启动电阻 R 一般采用 ZX1、ZX2 系列铸铁电阻，铸铁电阻能够通过较大电流，功率大。启动电阻 R 的阻值可按下列近似公式确定：

$$R=190\times\frac{I_{st}-I'_{st}}{I_{st}I'_{st}}$$

式中：R——电动机每相串联的启动电阻值，Ω；

I_{st}——电动机全压启动电流，A；一般 $I_{st}=(4\sim7)I_N$，I_N 为电动机的额定电流，A；

I'_{st}——串联电阻后的启动电流，A；一般 $I'_{st}=(2\sim3)I_N$。

电阻功率可用公式 $P=I_N^2R$ 计算。由于启动电阻仅在启动过程中接入，且启动时间很短，所以实际选用的电阻功率可比计算值减小 75%~80%。

串联电阻降压启动的缺点是降低启动电流的同时也减小了电动机的启动转矩，启动时在电阻上的功率消耗也较大。若电动机启动频繁，启动电阻的温度较高，对于精密机床的运行会产生一定的影响，因此，这种降压启动的方法在生产实际中的应用正在逐步减少。

（二）自耦变压器降压启动控制线路

自耦变压器降压启动是在电动机启动时，利用自耦变压器来降低加在电动机定子绕组上的启动电压，待电动机启动后，再使电动机与自耦变压器脱离，从而在全压下正常运行。自耦变压器降压启动原理图如图 2-9-3 所示，自耦变压器降压启动时，将电源电压与自耦变压器的高压绕组连接，电动机的定子绕组与自耦变压器的低压绕组连接。自耦变压器降压启动可根据实际需要，用抽头调节自耦变压器的变比以改变启动电流和启动转矩的大小，这种启动方式对定子绕组采用 Y 形或△形接法的电动机都适用，但设备体积大，且不允许频繁启动，一般适用于 10 kW 以上较大容量的电动机的降压启动。

如图 2-9-3 所示，启动时先合上电源开关 QS1，再将开关 QS2 扳向“启动”位置，此时自耦变压器的高压绕组与电源连接，自耦变压器的低压绕组与电动机的定子绕组连接，电动机进行降压启动。待电动机转速上升到一定值时，迅速将开关 QS2 从“启动”位置扳到“运行”位置，将电动机与自耦变压器脱离，并直接与电源相接，电动机在额定电压下正运行。

一般自耦变压器降压启动是采用成品的降压启动器，利用自耦变压器来进行降压的启动装置称为自耦减压启动器，其产品有手动操作式和自动操作式两种。

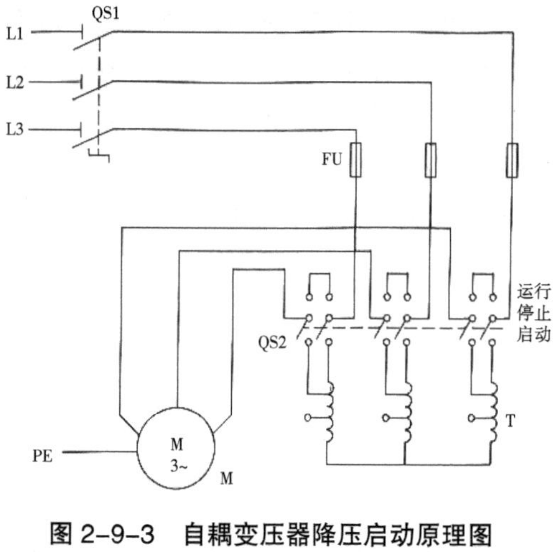

图 2-9-3　自耦变压器降压启动原理图

1. 手动自耦减压启动器

常用的手动自耦减压启动器有 QJD3 系列油浸式和 QJ10 系列空气式两种。

QJD3 系列油浸式手动自耦减压启动器外形如图 2–9–4（a）所示，主要由薄钢制成的防护式外壳、自耦变压器、浸在油中的触头系统、操作机构及保护系统五部分组成，具有过载脱扣和失压脱扣保护功能。适用于一般工业用交流 50 Hz、额定电压 380 V、功率 10~75 kW 的三相鼠笼式异步电动机做不频繁降压启动和停止用。

QJD3 系列油浸式手动自耦减压启动器的电路图如图 2–9–4（b）所示，其动作原理如下：

当操作手柄处于“停止”位置时，装在主轴上的动触头与上、下两排静触头都不接触，电动机处于断电停止状态。

当操作手柄处于“启动”位置时，装在主轴上的动触头与上面一排启动静触头接触，三相电源 L1、L2、L3 通过右边三个动、静触头接入自耦变压器，又经自耦变压器的三个 65%（或 80%）抽头接入电动机定子绕组，电动机实现降压启动；左边两个动、静触头接触将自耦变压器连接成了 Y 形。

当电动机的转速上升到一定值时，将操作手柄迅速扳到“运行”位置，使右边三个动触头与下面一排的三个运行静触头接触，这时自耦变压器脱离，电动机直接与三相电源 L1、L2、L3 相接，电动机实现全压运行。

停止时，按下停止按钮 SB，失压脱扣器 KV 线圈失电，衔铁下落释放，通过机械操作机构使启动器掉闸，操作手柄便自动回到“停止”位置，电动机断电停转。

由于热继电器 KH 的常闭触头、停止按钮 SB 和失压脱扣器 KV 线圈串联在 U、W 两相电源上，所以当出现电源电压不足、突然停电、电动机过载和停车等情况时都能使启动器掉闸，电动机断电停转。

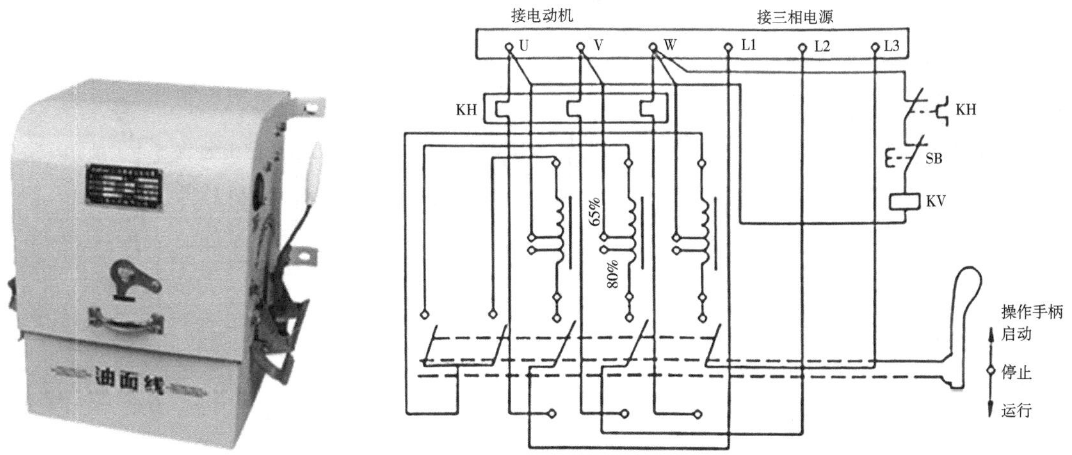

（a）外形　　　　　　　　　　　　（b）电路图

图 2–9–4　QJD3 系列油浸式手动自耦减压启动器

QJD3 系列油浸式手动自耦减压启动器具体型号及数据如表 2–9–1 所示。

表 2-9-1　QJD3 系列油浸式手动自耦减压启动器数据

型号	额定工作电压 /V	控制的电动机功率 /kW	额定工作电流 /A	热保护额定电流 /A	最大启动时间 /s
QJD3-10	380	10	19	22	30
QJD3-14		14	26	32	
QJD3-17		17	33	45	40
QJD3-20		20	37	45	
QJD3-22		22	42	45	
QJD3-28		28	51	63	
QJD3-30		30	56	63	
QJD3-40		40	74	85	60
QJD3-45		45	86	120	
QJD3-55		55	104	160	
QJD3-75		75	125	160	

QJ10 系列空气式手动自耦减压启动器适用于交流 50 Hz、电压 380 V 及以下、容量 75 kW 及以下的三相鼠笼式异步电动机，做不频繁降压启动和停止用。

在结构上，QJ10 系列启动器也是由箱体、自耦变压器、保护装置、触头系统和操作机构五部分组成的。它的触头系统有一组启动触头、一组中性触头和一组运行触头，其电路图如图 2-9-5 所示。

QJ10 系列启动器的动作原理如下：

当操作手柄扳到“停止”位置时，所有的动、静触头均断开，电动机处于断电停止状态；当操作手柄向前推到“启动”位置时，启动触头和中性触头同时闭合，三相电源经启动触头接入自耦变压器 TM，又经自耦变压器的三个抽头接入电动机进行降压启动，中性触头则把自耦变压器接成了 Y 形；当电动机的转速上升到一定值后，将操作手柄迅速扳到“运行”位置，启动触头和中性触头先同时断开，运行触头随后闭合，这时自耦变压器脱离，电动机与三相电源 L1、L2、L3 直接相接全压运行。停止时，按下 SB 即可。

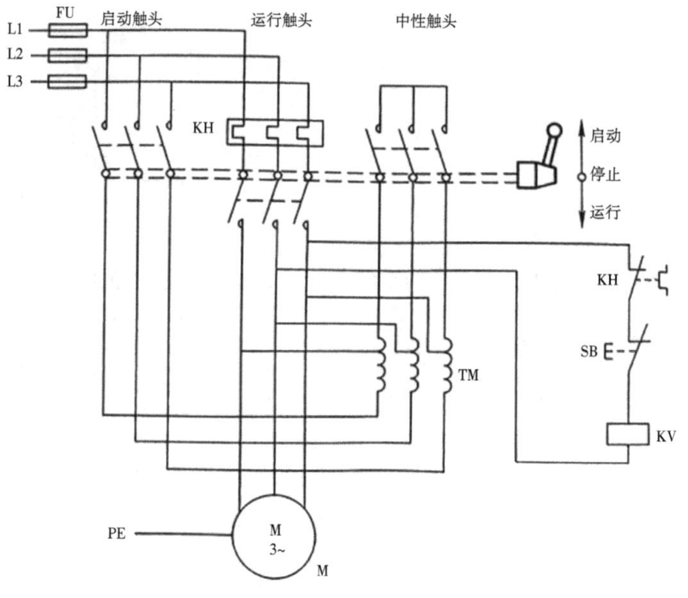

图 2-9-5　QJ10 系列空气式手动自耦减压启动器电路图

2.XJ01 系列自耦减压启动箱

XJ01 系列自耦减压启动箱是我国生产的自耦变压器降压启动自动控制设备，广泛用于频率为 50 Hz、电压为 380 V、功率为 14~300 kW 的三相鼠笼式异步电动机做不频繁的降压启动用。

XJ01 系列自耦减压启动箱由自耦变压器、交流接触器、中间继电器、热继电器、时间继电器和按钮等电器元件组成。14~75 kW 的产品，采用自动控制方式；100~300 kW 的产品，具有手动和自动两种控制方式，由转换开关进行切换。时间继电器为可调式，在 5~120 s 内可以自由调节启动时间。自耦变压器备有额定电压 60% 和 80% 两挡抽头。启动箱有过载和失压保护功能，最大启动时间为 2 min（包括一次或连续数次启动时间的总和），若启动时间超过 2 min，则启动后的冷却时间应不少于 4 h 才能再次启动。

XJ01 系列自耦减压启动箱降压启动的电路图如图 2-9-6 所示。虚线框内的按钮是异地控制按钮。整个控制线路分为主电路、控制电路和指示电路三部分。主电路中，KM1 为减压启动的接触器，KM2 为全压运行的接触器；控制电路中，KA 为中间继电器，KT 为减压启动的时间继电器；指示电路中，HL1、HL2、HL3 分别为电源指示灯、减压启动指示灯和全压运行指示灯。

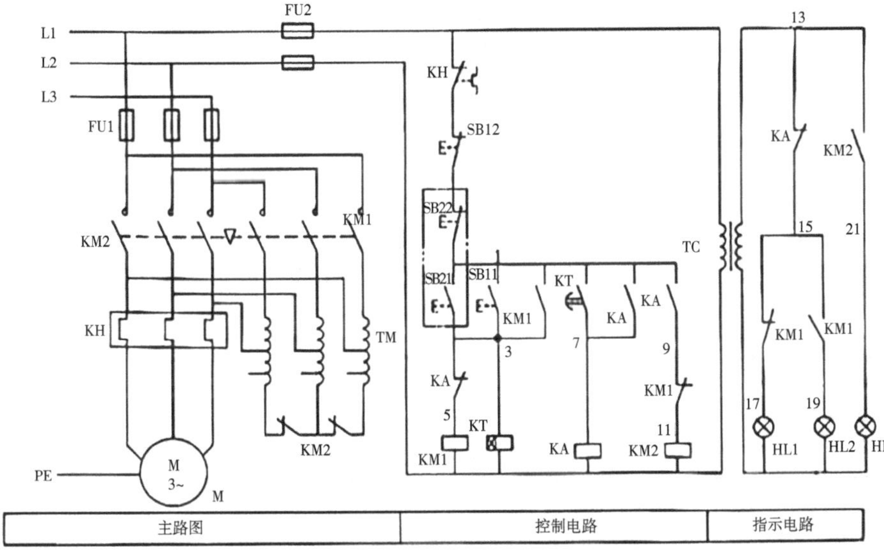

图 2-9-6　XJ01 系列自耦减压启动箱电路图

三、任务实训

自耦变压器降压启动控制线路的安装

（一）控制线路识读与设计

1. 完成图 2-9-7（a）所示自耦变压器降压启动控制线路电路图的补画，并标注电路编号。
2. 根据自耦变压器降压启动控制线路电路图绘制元件安装布置图，如图 2-9-7（b）所示。

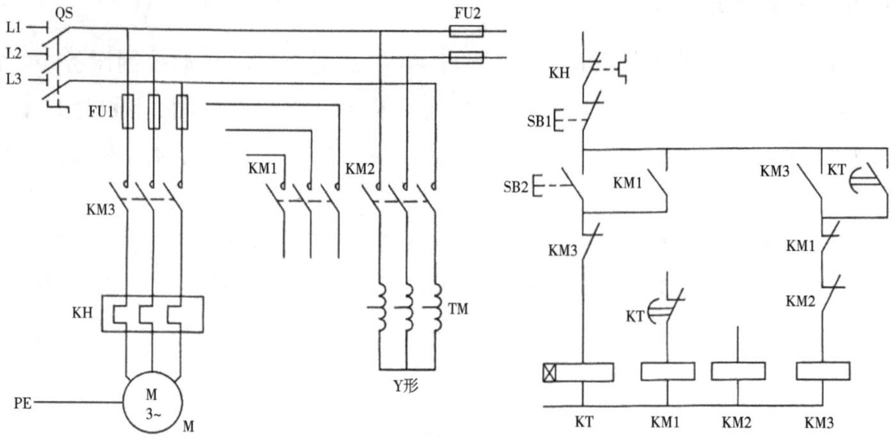

（a）

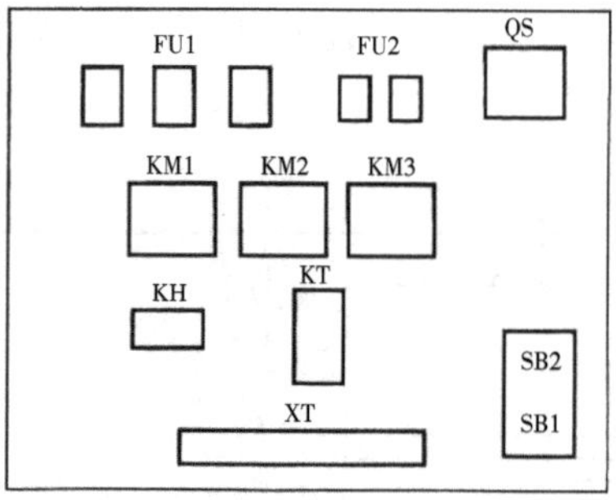

（b）

图 2-9-7　自耦变压器降压启动控制线路

（二）工具、仪表及器材

参照表 2-9-2 选配工具、仪表和器材，并检测质量是否合格。

表 2-9-2　工具、仪表及器材

工具	仪表	器材				
		符号	名称	型号	规格	数量
低压试电笔、螺丝刀、尖嘴钳、斜口钳、剥线钳、电工刀等	ZC25-3 型兆欧表、MG3-1 型钳形电流表、M47 型万用表	M	三相鼠笼式异步电动机	Y132S-4	5.5 kW、380 V、11.6 A、△形接法、1 440 r/min	1
		QS	电源开关	HZ10-25/3	3 极、25 A	1
		FU1	螺旋式熔断器	RL1-60/25	500 V、60 A、配熔体 25 A	3
		FU2	螺旋式熔断器	RL1-15/2	500 V、15 A、配熔体 2 A	2
		KM1~KM3	交流接触器	CJT1-20	20 A、线圈电压 380 V	3

续表

工具	仪表	器材				
		符号	名称	型号	规格	数量
低压试电笔、螺丝刀、尖嘴钳、斜口钳、剥线钳、电工刀等	ZC25-3 型兆欧表、MG3-1 型钳形电流表、M47 型万用表	KT	时间继电器	JS7-2A	线圈电压 380 V、整定时间 3±1 s	1
		KH	热继电器	JR36-20/3	3 极、20 A、整定电流 11.6 A	1
		SB1、SB2	按钮	LA4-3H	保护式、380 V、5 A、按钮数 3	1
		XT	端子板	JX2-1015	380 V、10 A、15 节	1
		TM	自耦变压器	GTZ	定制抽头电压 65%U_N	1
		—	控制板	—	550 mm×500 mm×20 mm	1
		—	主电路线	—	BVR 1.5 mm^2（黑色）	若干
		—	控制电路线	—	BVR 1 mm^2（红色）	若干
		—	按钮线	—	BVR 0.75 mm^2（红色）	若干
		—	接地线	—	BVR 1.5 mm^2（黄绿双色）	若干
		—	走线槽	—	18 mm×25 mm	若干
		—	紧固体及编码套管	—	—	若干

（三）实训过程

1. 按表 2-9-2 配齐所用电器元件，并检验元件质量。

2. 将元件固定在控制板上，要求元件安装牢固，并符合工艺要求，按钮 SB 可安装在控制板外。

3. 根据电动机容量选择主电路线，按电气控制线路图连接主电路。

4. 根据电动机容量选择控制电路线，按电气控制线路图连接控制电路。

5. 检查主电路和控制电路的连接情况，排除虚接、漏接、短接等异常情况。

6. 检查无误后通电试车。为保证人身安全，在通电试车时，要认真执行安全操作规程的有关规定，经教师检查并现场监护。

接通三相电源 L1、L2、L3，合上电源开关 QS，用低压试电笔检查螺旋式熔断器出线端，观察电源是否接通。分别按下 SB2、SB1，观察是否符合线路功能要求，观察电器元件动作是否灵活，有无卡阻及噪声过大现象，观察电动机运行是否正常。若有异常，应立即停车检查。

（四）安装注意事项

1. 时间继电器和热继电器的整定值应在不通电时预先整定好，并在试车时校正。

2. 时间继电器的安装位置必须使继电器在断电后动铁芯释放时的运动方向垂直向下。

3. 电动机和自耦变压器的金属外壳及时间继电器的金属底板必须可靠接地，并应将接地线接到指定的接地螺钉上。

4. 自耦变压器要安装在箱体内，否则应采取遮护或隔离措施，并在进、出线的端子上进行绝缘处理，以防止发生触电事故。

5. 若无自耦变压器时，可采用两组灯箱分别代替电动机和自耦变压器进行模拟试验，其三相规格必须相同，如图 2–9–8 所示。

6. 布线时要注意电路中 KM2 与 KM3 的相序不能接错，否则，会使电动机工作时的转向与启动时相反。

7. 通电试车时必须有教师在现场监护以确保用电安全，同时要做到安全文明生产。

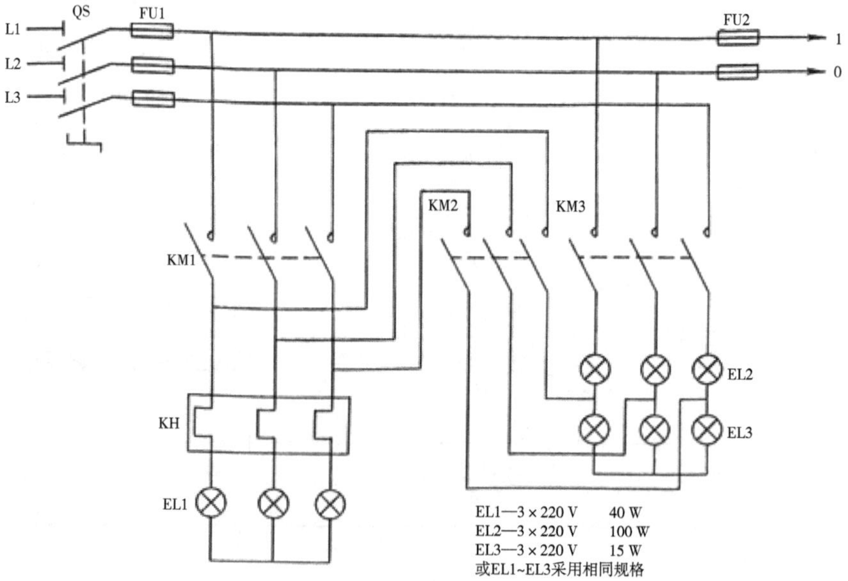

图 2–9–8 用灯箱进行模拟试验电路图

四、任务评价

评分标准见表 2–9–3。

表 2–9–3 评分标准

考核项目	考核内容		配分	得分
补画线路	补画不正确	每处扣 2 分	5 分	
	电路编号标注不正确	每处扣 1 分		
自编安装步骤和工艺要求	安装步骤和工艺要求不合理、不完善	扣 5~10 分	10 分	
装前检查	电动机质量检查	每漏一处扣 3 分	5 分	
	电器元件漏检或错检	每处扣 1 分		

续表

<table>
<tr><th>考核项目</th><th colspan="4">考核内容</th><th>配分</th><th>得分</th></tr>
<tr><td rowspan="5">安装元件</td><td colspan="2">元件布置不整齐、不匀称、不合理</td><td colspan="2">每个扣 2 分</td><td rowspan="5">20 分</td><td rowspan="5"></td></tr>
<tr><td colspan="2">元件安装不紧固</td><td colspan="2">每个扣 3 分</td></tr>
<tr><td colspan="2">安装元件时漏装木螺钉</td><td colspan="2">每个扣 1 分</td></tr>
<tr><td colspan="2">走线槽安装不符合要求</td><td colspan="2">每处扣 1 分</td></tr>
<tr><td colspan="2">损坏元件</td><td colspan="2">扣 15 分</td></tr>
<tr><td rowspan="6">布线</td><td colspan="2">不按电路图接线</td><td colspan="2">扣 15 分</td><td rowspan="6">20 分</td><td rowspan="6"></td></tr>
<tr><td colspan="2">布线不符合要求</td><td colspan="2">每根扣 3 分</td></tr>
<tr><td colspan="2">接点松动、露铜过长、压绝缘层、反圈等</td><td colspan="2">每处扣 1 分</td></tr>
<tr><td colspan="2">损伤导线绝缘层或线芯</td><td colspan="2">每根扣 5 分</td></tr>
<tr><td colspan="2">漏套或错套编码套管</td><td colspan="2">每处扣 2 分</td></tr>
<tr><td colspan="2">漏接接地线</td><td colspan="2">扣 5 分</td></tr>
<tr><td rowspan="5">通电试车</td><td colspan="2">整定值未整定或整定错误</td><td colspan="2">每个扣 5 分</td><td rowspan="5">20 分</td><td rowspan="5"></td></tr>
<tr><td colspan="2">熔体规格</td><td colspan="2">配错扣 5 分</td></tr>
<tr><td colspan="2">第一次试车不成功</td><td colspan="2">扣 10 分</td></tr>
<tr><td colspan="2">第二次试车不成功</td><td colspan="2">扣 15 分</td></tr>
<tr><td colspan="2">第三次试车不成功</td><td colspan="2">扣 20 分</td></tr>
<tr><td rowspan="3">安全文明生产</td><td colspan="2">违反安全文明生产规程</td><td colspan="2">扣 5~10 分</td><td rowspan="3">10 分</td><td rowspan="3"></td></tr>
<tr><td colspan="2">乱线敷设</td><td colspan="2">扣 10 分</td></tr>
<tr><td colspan="2">3 h</td><td colspan="2">每超时 5 min（不足 5 min 以 5 min 计）扣 5 分</td></tr>
<tr><td>备注</td><td colspan="6">除定额时间外，各项目的最高扣分不应超过配分数</td></tr>
<tr><td>开始时间</td><td></td><td>结束时间</td><td></td><td>实际时间</td><td colspan="2"></td></tr>
</table>

五、知识测评

1. 启动时加在电动机定子绕组上的电压为电动机的________称为全压启动，也称直接启动。

2. 通常规定电源容量在________kV · A 以上、电动机容量在________kW 以下的三相鼠笼式异步电动机可采用直接启动。

3. 三相鼠笼式异步电动机直接启动时的启动电流一般为额定电流的________倍，它会造成电源输出电压的大幅度________。

4. 定子绕组串联电阻降压启动是在电动机启动时，把电阻串联在电动机________与电源之间，通过电阻的________作用来降低定子绕组上的启动电压。待电动机启动后，再将电阻________使电动机在________下正常运行。

5. 自耦变压器降压启动是指在电动机启动时，利用________来降低加在电动机定子绕组上的启动电压，待电动机启动后，再使电动机与________脱离，从而在________下正常运行。

6. 利用自耦变压器来进行降压的启动装置称为________，其产品有手动操作式和自动操作式两种。

7.QJD3 系列油浸式手动自耦减压启动器主要由薄钢板制成的防护式外壳、________、浸在油中的触头系统、操作机构及保护系统共五个部分组成，具有________和________保护功能。

8.XJ01 系列自耦减压启动箱由________、________、中间继电器、热继电器和按钮等电器元件组成。

9. 常用的手动自耦减压启动器有________系列油浸式和________系列空气式两种，而 XJ01 系列自耦减压启动箱是________控制设备。

任务十　三相笼型异步电动机的 Y- △降压启动控制线路

一、任务目标

（一）知识目标

1. 掌握三相笼型异步电动机降压启动的原理及方法。
2. 能正确进行 Y- △降压启动控制线路的安装。
3. 能进行 Y- △降压启动控制线路的检修。

（二）技能目标

1. 掌握三相笼型异步电动机的时间继电器切换 Y- △降压启动控制线路的安装、调试与检修。
2. 培养学生理论联系实际的能力。
3. 培养学生逻辑思维和分析判断能力，以及分析、解决问题能力。

（三）素养目标

1. 培养学生团队协作精神，培养学生的创新能力，培养学生对本专业的兴趣。
2. 通过合作交流，培养学生团队协作的能力，以及乐于助人的品质，通过自评与互评培养学生公正的评价观与自我剖析的能力。

二、相关知识

前面介绍的各种控制线路启动时，加在电动机定子绕组上的电压是电动机的额定电压，属于全压启动，也称为直接启动。直接启动的优点：所用电气设备少，维修量较小，线路简单。三相笼型异步电动机直接启动时，启动电流一般为额定电流的 4~7 倍。在变压器容量不够大而电动机功率较大的情况下，直接启动将直接导致变压器输出电压下降，不仅减小了电动机本身的启动转矩，而且还会影响同一供电线路中其他设备的正常工作。因此，较大容量的电动机需要采用降压启动。

通常情况下，电源容量在 180 kV · A 以上、电动机容量在 7 kW 以下的三相笼型异步电动机可采用直接启动。

降压启动是指利用启动设备将电压适当降低后再加到电动机的定子绕组上进行启动，待电动机启动运转后，再使加在电动机上的电压恢复到额定值正常运转。由于电流随电压的降低而减小，所以降压启动达到了减小启动电流的目的，但由于电动机转矩与电压的平方是成正比的，所以降压启动也将会导致电动机的启动转矩大大降低。因此，降压启动需要在空载或轻载下才能启动。

常见的降压启动方法主要有四种：定子绕组串联电阻降压启动、自耦变压器降压启动、Y- △降压启动、延边△降压启动。我们下面主要学习 Y- △降压启动。

Y- △降压启动指电动机启动时，将定子绕组接成 Y 形，用以降低启动电压，限制电动机启动电流。等电动机启动后，再把定子绕组改接成△形，使电动机进入全压运行。凡是在正常运行时定子绕组作为△形连接的三相异步电动机，均可采用这种 Y- △降压启动的方法。

电动机接成 Y 形启动时，加在每相定子绕组上的启动电压只有△形接法的 $\frac{1}{\sqrt{3}}$，启动电流为△形接法的 $\frac{1}{3}$，启动转矩也只有△形接法的 $\frac{1}{3}$。所以 Y- △降压启动方法，只适用于轻载或空载下启动运行。常用的 Y- △降压启动控制线路有以下几种。

1. 时间继电器自动控制 Y- △降压启动线路

时间继电器自动控制 Y- △降压启动电路如图 2-10-1 所示。该线路主要由三个接触器、一个热继电器、一个时间继电器和两个按钮组成。时间继电器 KT 用作控制 Y 形降压启动时间和完成 Y- △自动切换的功能。

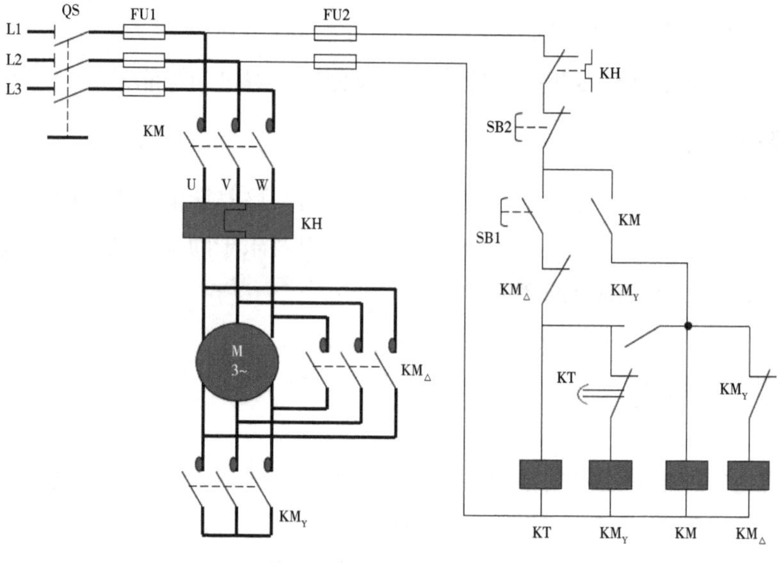

图 2-10-1　时间继电器自动控制 Y- △降压启动线路

线路的工作原理如下：先合上电源开关 QS。

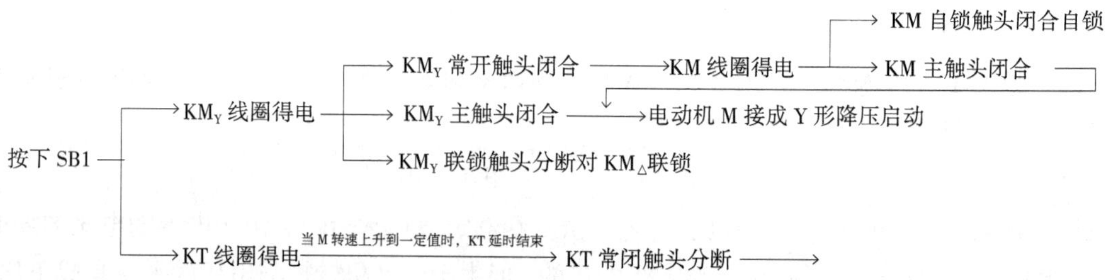

→ KM_Y 线圈失电 → KM_Y 常开触头分断
→ KM_Y 主触头分断，解除 Y 形连接
→ KM_Y 联锁触头闭合 → $KM_△$ 线圈得电 →

→ $KM_△$ 联锁触头分断 → 对 KM_Y 联锁
→ KT 线圈失电 → KT 常闭触头瞬时闭合
→ $KM_△$ 主触头闭合 → 电动机 M 接成△形全压运行

停止时按下 SB2 即可。

在该线路中，接触器 KM_Y 得电以后，通过 KM_Y 的常开辅助触头使接触器 KM 得电动作，这样 KM_Y 的主触头是在无负载的条件下进行闭合的，故可延长接触器 KM_Y 主触头的使用寿命。

2. QX3-13 型 Y- △自动启动器

这种启动器主要由三个接触器（KM、KM_Y、$KM_△$）、一个热继电器 KH、一个通电延时型时间继电器 KT 和按钮等组成，关于各电器的作用和线路的工作原理，可参照图 2-10-2 分析。

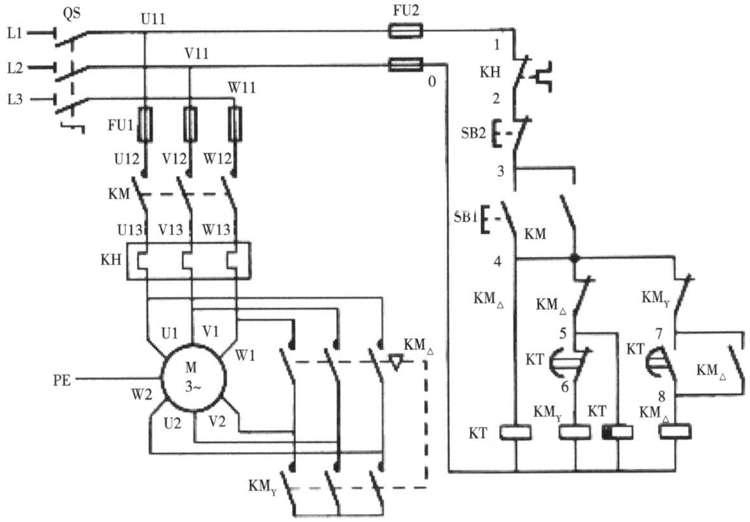

图 2-10-2　QX3-13 型 Y- △自动启动器线路

三、任务实训

时间继电器自动控制 Y- △降压启动控制线路的安装与检修

（一）准备工作

1. 安全文明

（1）穿戴好劳保用品。

（2）严格遵守相关设备的安全操作规程。

（3）做好教学场地设备恢复、整理及清洁工作。

（4）人走五关（关门、关窗、关机、关电、关灯）。

2. 工具与仪表

（1）工具：电工常用工具。

（2）仪表：MF47 型万用表、ZC25-3 型兆欧表（500 V、0~500 MΩ）、MG3-1 型钳形电流表。

（3）器材：控制板、走线槽、各种规格软线、编码套管等。

（二）时间继电器自动控制 Y- △降压启动控制线路的安装与检修

1. 元件明细表

参见表 2-10-1。

表 2-10-1　元件明细表

<table>
<tr><th rowspan="2">工具</th><th rowspan="2">仪表</th><th colspan="5">器材</th></tr>
<tr><th>代号</th><th>名称</th><th>型号</th><th>规格</th><th>数量</th></tr>
<tr><td rowspan="11">测电笔、螺钉旋具、钢丝钳、尖嘴钳、斜口钳、电工刀等电工常用工具</td><td rowspan="11">ZC25-3 型兆欧表（500 V、0~500 MΩ）、MG3-1 型钳形电流表、MF47 型万用表</td><td>M</td><td>三相笼型异步电动机</td><td>Y132M-4</td><td>7.5 kW、380 V、15.4 A、△形接法、1 440 r/min</td><td>1</td></tr>
<tr><td>QS</td><td>组合开关</td><td>HZ10-25/3</td><td>3 极、25 A</td><td>1</td></tr>
<tr><td>FU1</td><td>螺旋式熔断器</td><td>RL1-60/5</td><td>500 V、60 A、配熔体 35 A</td><td>3</td></tr>
<tr><td>FU2</td><td>螺旋式熔断器</td><td>RL1-15/2</td><td>500 V、15 A、配熔体 2 A</td><td>2</td></tr>
<tr><td>KM1~KM3</td><td>交流接触器</td><td>CJ10-20</td><td>20 A、线圈电压 380 V</td><td>3</td></tr>
<tr><td>KH</td><td>热继电器</td><td>JR16-20/3</td><td>3 极、20 A、整定电流 15.4 A</td><td>1</td></tr>
<tr><td>KT</td><td>时间继电器</td><td>JS7-2A</td><td>线圈电压 380 V</td><td>1</td></tr>
<tr><td>SB1、SB2</td><td>按钮</td><td>LA10-3H</td><td>保护式、380 V、5 A、按钮数 3</td><td>1</td></tr>
<tr><td>XT</td><td>端子板</td><td>JD0-1020</td><td>380 V、10 A、20 节</td><td>1</td></tr>
<tr><td>—</td><td>走线槽</td><td>—</td><td>18 mm × 25 mm</td><td>若干</td></tr>
<tr><td>—</td><td>控制板</td><td>—</td><td>500 mm × 400 mm × 20 mm</td><td>1</td></tr>
</table>

2. 实训过程

（1）安装步骤

①按表 2-10-1 配齐所用电器元件，并检验元件质量。

②画出布置图。

③在控制板上按布置图安装电器元件和走线槽，并贴上醒目的文字符号。

④在控制板上进行板前线槽布线，并在线头上套编码套管，接上冷压接线头。

⑤安装电动机。

⑥可靠连接电动机和电器元件金属外壳的保护接地线。

⑦连接控制板外部的导线。

⑧自检。

⑨检查无误后通电试车。

(2)注意事项

①用 Y- △降压启动控制的电动机，必须有 6 个出线端子且电动机定子绕组在△形接法时的额定电压等于三相电源线电压。

②接线时要保证电动机△形接法的正确性，即接触器 $KM_{\triangle}$主触头闭合时，应保证电动机定子绕组的 U1 与 W2、V1 与 U2、W1 与 V2 相连接。

③接触器 KM_Y 的进线必须从三相定子绕组的末端引入，若误将其首端引入，则在 KM_Y 吸合时，会产生三相电源短路事故。

④控制板外部配线，必须按要求一律装在导线通道内，使导线有适当的机械保护，以防止液体、铁屑和灰尘的进入。在实训时可适当降低要求，但必须以能确保安全为条件，如采用多芯橡皮线或塑料护套软线。

⑤通电校验前需再检查一下熔体规格及时间继电器、热继电器的各整定值是否符合要求。

⑥通电校验必须有教师在现场监护，学生应根据电路图的控制要求独立进行校验，若出现故障也应自行排除。

⑦安装训练应在规定时间内完成，同时要做到安全操作和文明生产。

四、任务评价

评分标准见表 2-10-2。

表 2-10-2　评分标准

考核项目	考核内容	配分	得分
装前检查	电动机质量检查	5 分	
	电器元件检查		
安装元件	元件布置整齐、匀称、合理	10 分	
	元件安装紧固		
	安装元件时安装木螺钉		
	走线槽安装符合要求		
	未损坏元件		

续表

考核项目	考核内容				配分	得分
布线	按电路图接线				40 分	
	布线符合要求（主电路、控制电路）					
	接点无松动、无露铜过长、未压绝缘层、无反圈等					
	未损伤导线绝缘层或线芯					
	编码套管安装正确					
	接地线安装正确					
通电试车	整定值整定或整定正确				35 分	
	正确选择熔体规格					
	第一次试车成功					
	第二次试车成功					
	第三次试车成功					
安全文明生产	严格遵守安全文明生产规程，操作规范，遵守纪律				5 分	
团队合作	团队协作好，工作整洁规范				5 分	
开始时间		结束时间		实际时间	成绩	

五、知识测评

1. 三相笼型异步电动机作 Y- △降压启动时，其启动电压、启动电流和启动转矩分别是正常工作时的多少倍？

2. 采用 Y- △降压启动控制的电动机共有几个出线端子？应怎样正确接线？

3. 时间继电器自动控制 Y- △降压启动线路中，接触器 KM_Y 的常开触头起什么作用？为什么这样设计？

4. 接触器 KM_Y 在主电路中的接线应注意什么问题？为什么？

5. 降压启动是指利用启动设备将________适当降低后再加到电动机的定子绕组上进行启动，待电动机启动运转后，再使其________恢复到________正常运转。降压启动的目的是________。

6. 常见的降压启动方法有________、________、________、延边△降压启动和软启动器启动等几种。

任务十一　电动机的控制、保护与选择

一、任务目标

（一）知识目标

1. 熟悉电动机的各种控制原则。
2. 掌握电动机的保护措施及电动机的选择。

（二）技能目标

能根据电气控制的要求选择电动机的保护形式。

（三）素养目标

培养学生学习的积极性、主动性，全身心地投入课堂学习中，能够专注听讲，集中精力。

二、相关知识

（一）电动机的控制原则

电动机控制的原则，一般有以下几种：时间控制原则、行程控制原则、电流控制原则和速度控制原则。

1. 时间控制原则

利用时间继电器按规定的时间间隔来控制电动机工作的原则称为时间控制原则。如在电动机的制动控制、降压启动控制以及变速运动过程中，利用时间继电器按规定的时间间隔改变控制线路的接线方式来自动地完成电动机各种控制功能要求。在这里，时间继电器发出换接时间的控制信号，换接时间的长短则需要根据生产工艺要求或者电动机启动过程、制动过程和变速过程的持续时间来整定时间继电器的动作时间。

2. 行程控制原则

根据生产机械运动部件的行程或位置，利用行程开关来控制电动机工作的原则称为行程控制原则。行程控制原则是机械电气自动化中应用最多和作用原理最简单的一种方式，如位置控制和工作台自动往返控制都是按行程控制原则进行的。

3. 电流控制原则

根据电动机主回路电路电流的大小，利用电流继电器来控制电动机工作的原则称电流控制原则。

4. 速度控制原则

根据电动机速度的变化，利用速度继电器等元器件来控制电动机工作的原则称为速度控制原则。反映速度变化的电器有很多种，直接测量速度的元器件有速度继电器、小型测速发电机；间接测量电动机速度的元器件有电压继电器和频率继电器，而直流电动机用其感应电动势来反映其速度，通过电压继电器来进行控制；对于交流绕线转子异步电动机可用转子频率来反映速度，通过频率继电器来进行控制。

（二）电动机的保护

为了避免因系统发生故障或不正常工作而引起事故，在电气控制系统的设计与运行中，都必须考虑提高电气控制系统运行的可靠性和安全性。例如，电动机在运行中，除需按生产机械的工艺要求来完成各种正常运转外，还需要在线路出现过载、短路、欠压、过电流、失压及弱磁等现象时，能自动地切断电源使电动机停转，以防止和避免电气设备和机械设备发生损坏事故，从而保证操作人员的人身安全。因此，在生产机械的电气控制中，对电动机采取了各种保护措施，常用的保护措施有短路、过载、过流、过压、欠压、断相等，见表 2–11–1。

表 2–11–1　电动机的保护环节

措施	故障危害	常用保护电器	工作原理
短路保护	当线路出现短路现象时，将产生很大的短路电流，使电动机、元器件及导线等电器元件及设备发生严重损坏事故，甚至引发火灾	熔断器、低压断路器	熔断器的熔体与需要被保护的电路进行串联。当电路正常工作时，熔体并不起作用，它相当于一根导线，它上面的压降很小，几乎可忽略不计。当电路发生短路时，很大的短路电流将流过熔体，使熔体立即熔断，切断电动机的电源，使电动机停转。同理，若电路中接入低压断路器时，出现短路现象时，低压断路器将会立即动作，切断电源使电动机停止转动
过载保护	电动机缺相运行、负载过大或启动操作频繁，使电动机的工作电流长时间超过它的额定电流，电动机绕组过热，温升超过它的允许值，使电动机的绝缘材料变脆，寿命大大缩短，严重时使电动机发生损坏	热继电器	电动机的工作电流等于额定电流时，热继电器不动作；电动机发生短时过载或过载电流较小时，热继电器不动作，或经过较长时间才能动作；电动机过载电流较大时，串联在主电路中的热元件就会在较短的时间内发热弯曲，串联在控制电路中的常闭触头也断开，先后切断控制电路和主电路电源，使电动机停止转动

续表

措施	故障危害	常用保护电器	工作原理
过流保护	为了限制电动机启动或制动电流，在交流绕线式转子异步电动机的转子绕组中或直流电动机的电枢绕组中需要串入附加的限流电阻。在启动或制动时，附加电阻将被短接，会产生很大的启动或制动电流，使电动机或机械设备发生损坏事故	电磁式过流继电器	电动机电流值达到过流继电器的动作值时，继电器动作，使串联在控制电路中的常闭触头断开，切断其控制电路，电动机随之脱离电源停止转动，达到了过流保护的目的
失压保护 / 零压保护	当生产机械在工作时，电网突然停电，电源电压下降为零，电动机停止转动，生产机械的运动部件也随之停转。一般情况下，操作人员不可能及时拉开电源总开关，如不采取任何措施，当电源电压恢复正常时，电动机即会自行启动运转，很有可能造成人身和设备事故，并引发电网过流和瞬间电压下降事故	接触器、中间继电器	当电网停电时，接触器和中间继电器的线圈中电流消失，电磁吸力减小到零，动铁芯被释放，触头将复位，切断了主电路和控制电路的电源。当电网恢复供电时，若不重新按下启动控制，则电动机将不会自行启动
欠压保护	当电动机在欠压下运行时，负载也没有改变，欠压下电动机转速将下降，定子绕组的电流会增加。此时电流增加的幅度尚不足以使热继电器和熔断器动作，如长时间不采取措施，会使电动机发生过热损坏事故。欠压保护还会引起一些电器释放，从而不能正常工作，否则会危害人身安全或导致设备事故	接触器、电磁式电压继电器	大多数机床电气控制中，接触器还具有欠压保护功能，少数线路需专门装设电磁式电压继电器起到欠压保护的作用。一般当电网电压降低到额定电压的 85% 以下时，接触器（或电压继电器）线圈产生的电磁吸力将小于复位弹簧的拉力，动铁芯被迫释放，其主触头和自锁触头将会同时断开，切断主电路、控制电路电源，使电动机停止转动

在选择和设置保护装置使电动机免受损坏的同时，还应该使电动机得到充分利用。因此，正确的保护方案应该是：在免于电动机或元器件损坏的情况下，使电动机充分发挥过载能力（过载的承受能力），使其在工作过程中功率被充分利用，温升需达到国家标准规定的数值，同时还能提高电力拖动系统的可靠性和生产的连续性。

随着生产的发展和技术的进步，对配电线路、控制电器和电动机的运行可靠性要求越来越高，既要最大限度地保证生产过程的连续性，又要避免在各种情况下对设备和人身安全的危害。熔断器、热继电器、热脱扣器等传统的保护装置，因其本身的缺陷和外部条件的限制，已不能满足现代生产的要求。例如，现代电动机工作时绕组电流密度显著增大，当电动机发生过载时，绕组电流密度增长速率要比过去的电动机大 2.0~2.5 倍。这就要求温度检测元件应具有更小的发热时间常数，保护装置要具有更高的灵敏度和精度，并且最好能在一个保护装置内同时实现电动机的断相、过载及堵转瞬动保护。电子式电动机多功能保护装置就是这样一种高精度、高灵敏度的保护装置。

近年来出现的电子式电动机多功能保护装置品种有很多，性能各异。图 2-11-1（a）所示为 WCY1 系列电子式电动机多功能保护器，（b）为 WCJ1 系列电子式电动机多功能保护器，它们具有过流、缺相、过压、欠压、欠流、三相不平衡等多种保护功能，是理想的电动机综合保护装置。该产品无机械误差与磨损，耐冲击振动，体积小，功耗低，功能全，而且安装调试简便，维护工作量小，适用范围广。

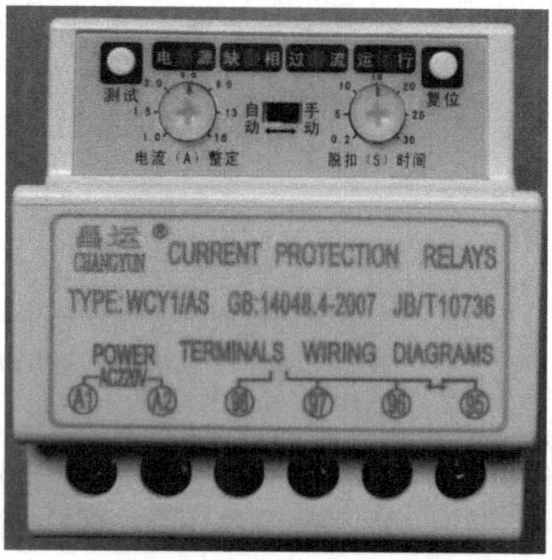

（a）WCY1 系列

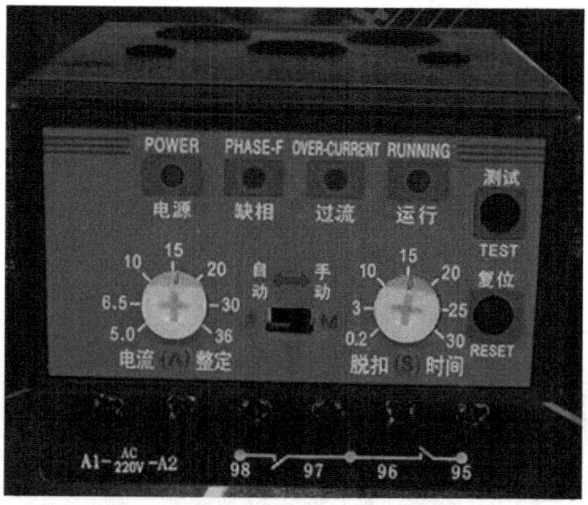

（b）WCJ1 系列

图 2-11-1 电子式电动机多功能保护装置

对于电动机的保护问题，现代技术正在提供更加广阔的途径。例如，发展高性能和多功能的综合保护装置，其主要方向是采用固态集成电路和微处理器作为电压、电流、时间、频率、功率和相位等方面的检测和逻辑单元，研制发热时间常数较小的新型 PTC 热敏电阻，增加电动机绕组对热敏电阻的热传导。

对于频繁或反复启动、制动和重载启动的笼型电动机以及大容量的电动机，它们的转子绕组比定子绕组的温升高，所以比较好的办法是检测转子的温度。国外已经有红外线保护装置的实际应用，它主要用红外线温度计从外部检测转子温度并加以保护。

电气控制线路设计中，经常要对生产过程中的压力、温度、运动速度、流量等进行控制和保护，将以上各物理量限制在规定的范围内，以保证整个系统的安全运行。从此，需要采用各种专用的压力、温度、流量、继电器或速度传感器，它们的基本原理都是在控制电路中串联一些受这些参数控制的常闭触头或常开触头，通过联锁控制、逻辑组合等实现保护功能。

（三）电动机的选择

在电力拖动系统中，正确选择拖动生产机械的电动机是系统安全、经济、可靠和合理运行的重要保证。而衡量电动机的选择合理与否要看选择电动机时是否遵循了以下基本原则：

第一，电动机能够完全满足生产机械在机械特性方面的要求，如生产机械所需要的工作速度、调速指标、加速度以及启动、制动时间等。

第二，电动机在工作过程中，其功率能被充分利用，即温升应达到国家标准规定的数值。

第三，电动机的结构形式应适合周围环境的条件。如防止外界灰尘、水滴等物质进入电动机内部；防止有害气体对绕组绝缘的侵蚀；在有爆炸危险的环境中，需将电动机的导电部位和有火花的部位封闭起来，使它们不影响外部等。

电动机的选择主要包括以下内容：电动机的额定功率（额定容量）、额定电压、额定转速、种类、结构形式等。其中以电动机额定功率的选择最为重要。下面主要介绍电动机额定功率的选择。

1. 电动机额定功率的选择

正确合理地选择电动机的功率是很重要的。因为如果电动机的功率选得过小，电动机将过载运行，使温度超过允许值，缩短电动机的使用寿命，甚至烧坏电动机；如果功率选得过大，虽然能保证设备正常工作，但由于电动机不在满载下运行，其用电效率和功率因数较低，电动机的容量得不到充分利用，从而造成电力浪费，并且设备投资大、运行费用高、不经济。

电动机的工作方式有连续工作制、短期工作制和周期性断续工作制三种。下面分别从这三种工作方式介绍电动机额定功率的选择。

连续工作制电动机额定功率的选择：在这种工作方式下，电动机连续工作时间很长，可使其温升达到规定的稳定值，如通风机、泵等机械的拖动运转。连续工作制电动机的负载可分为恒定负载和变化负载两类。

（1）恒定负载下电动机额定功率的选择

在工业生产中，相当多的生产机械是在长期恒定的或变化很小的负载下运行的。为这一类机械选择电动机的功率比较简单，只要电动机的额定功率等于或略大于生产机械所需要的功率即可。若负载功率为 P_L，电动机的额定功率为 P_N，则应满足下式：

$$P_N \geqslant P_L$$

电动机制造厂生产的电动机，一般都是按照恒定负载连续运转设计，并进行形式试验和出厂试验，完全可以保证电动机在额定功率工作时，电动机的温升不会超过允许值。

通常电动机的容量是按照周围环境温度为 40 ℃时确定的，绝缘材料最高的允许温度与 40 ℃时的差值称为允许温升，各级绝缘材料最高允许温度和允许温升见表 2–11–2。

表 2–11–2　各级绝缘材料最高允许温度和允许温升

绝缘等级	Y	A	E	B	F	11	C
最高允许温度 /℃	90	105	120	130	155	180	180
允许温升 /℃	50	65	80	90	115	140	140

应该指出，我国幅员辽阔，地域之间的温差较大，就是在同一地区，一年四季的气温变化也较大，因此电动机运行时周围环境的温度不可能正好是 40 ℃，一般是小于 40 ℃。为了充分利用电动机，可以对电动机应用的容量进行修正，不同环境温度下电动机功率的修正值见表 2–11–3。

表 2-11-3 不同环境温度下电动机功率的修正值

环境温度 /℃	≤ 30	35	40	45	50	55
功率增减的百分数 /%	+8	+5	0	−5	−12.5	−25

(2)变化负载下电动机额定功率的选择

在变化负载下使用的电动机，一般是为了恒定负载工作而设计的，因此，使用时必须进行发热校验。发热校验是指电动机在整个运行过程中所达到的最高温升是否接近并低于允许温升。这样电动机的绝缘材料才能充分利用而又不致过热损坏。电动机拖动这一机械工作时，输出功率发生周期性改变，故电动机的温升也必然做周期性的波动。在工作周期变化不大的情况下，波形波动也不大。波动的最大值将低于最大负载的稳定温升而高于最小负载的稳定温升。这种情况下，如果按照最大负载选择电动机功率，电动机将不能被充分利用，若按最小负载选择，电动机又会超过允许温升而发生危险。因此，电动机功率可在最大负载和最小负载之间适当选择，以使电动机得到充分利用，而又不致过载。

(3)短期工作制电动机额定功率的选择

在这种工作方式下，电动机的工作时间较短，在运行期间温度未升到规定的稳定值，而在停止运转期间，温度则可能降到周围环境的温度值。

为满足某些生产机械短期工作的需要，电动机生产厂家专门制造了一些具有较大过载能力的短期工作制电动机，其标准工作时间有 15 min、30 min、60 min、90 min 四种。因此，当电动机的实际工作时间符合标准工作时间时，选择电动机的额定功率 P_N 只要不小于负载功率 P_L 即可，即满足 $P_N \geqslant P_L$。

(4)周期性断续工作制电动机额定功率的选择

这种工作方式的电动机的工作与停止交替进行。在工作期间，温度未升到稳定值，而在停止期间，温度也来不及降到周围温度值，如很多起重设备以及某些金属切削机床的拖动运转。

电动机生产厂家专门设计生产的周期性断续工作制的交流电动机有 YZR 和 YZ 系列。标准负载持续率FC(负载工作时间与整个周期之比称为负载持续率)有 15%、25%、40% 和 60% 四种，一个周期的时间规定不大于 10 min。

周期性断续工作制电动机额定功率的选择方法与连续工作制变化负载下的额定功率选择相似，在此不再讲解。但需指出的是，当负载持续率≤ 10% 时，应按短期工作制选择；当负载持续率≥ 70% 时，可按周期性连续工作制选择。

2. 电动机额定电压的选择

电动机额定电压要与现场供电电网电压等级相符。否则，若选择的额定电压低于供电电压，电动机将由于电流过大而被烧毁；若选择的额定电压高于供电电源电压，电动机有可能因电压过低不能启动，或虽能启动但因电流过大而减少其使用寿命甚至烧毁。

中小型交流电动机的额定电压一般为 380 V，大型交流电动机的额定电压一般为 3 kV、6 kV 等。直流电动机的额定电压一般为 110 V、220 V、440 V 等，最常用的直流电压等级为 220 V。直流电动机一般是由车间交流供电电压经整流器整流后的直流电压供电。选择电动机的额定电压时，要与供电电网的交流电压及不同形式的整流电路相配合。当交流电压为 380 V 时，若采用晶闸管整流装置直接供电，电动机的额定电压应选用 440 V（配合三相桥式整流电路）或 160 V（配合单相整流电路），电动机采用改进的 Z3 型。

3. 电动机额定转速的选择

电动机额定转速选择合理与否，将直接影响到电动机的价格、能量损耗及生产机械的生产率等各项技术指标和经济指标。额定功率相同的电动机，转速高的电动机尺寸小，所用材料少，因而体积小、质量轻、价格低，所以选用高额定转速的电动机比较经济，但由于生产机械的工作速度一定且较低（30~900 r/min），因此，电动机转速越高，传动机构的传动比越大，传动机构越复杂。所以选择电动机的额定转速时，必须全面考虑，在电动机性能符合生产机械要求的前提下，力求电能损耗少、设备投资少、维护费用少。通常，电动机的额定转速选为 750~1 500 r/min 比较合适。

4. 电动机种类的选择

选择电动机的种类时，考虑电动机的性能必须满足生产机械要求的前提下，应优先选用结构简单、价格便宜、运行可靠、维修方便的电动机。在这方面，交流电动机优于直流电动机，笼型电动机优于绕线转子电动机，异步电动机优于同步电动机。电动机种类的选择方法如表 2–11–4 所示。

表 2–11–4　电动机种类的选择

种类	特点	适用场合	应用实例	
			应用场合	选用机型
三相笼型异步电动机	采用最普遍的动力电源——三相交流电源，其结构简单、价格便宜、运行可靠、维修方便，但启动和调速性能差	调速和启动性能要求不高的场合	各种机床、水泵、通风机等	—
		启动转矩要求大的生产机械	运输机、纺织机械、空气压缩机等	斜槽式、深槽式、双笼型异步电动机等
		需要有级调速的生产机械	某些机床和电梯等	多速笼型异步电动机
三相绕线转子异步电动机	一般采用转子串联电阻（或电抗器）的方法实现启动和调速，调速范围有限	启动、制动比较频繁，启动、制动转矩较大，而且有一定调速要求的生产机械	桥式起重机、矿井提升机等	—
三相同步电动机	高电压、大容量，转速恒定，无启动转矩，可改变功率因数	要求大功率、恒转速和改善功率因数的场合	大功率水泵、压缩机、通风机等	—

续表

种类	特点	适用场合	应用实例	
			应用场合	选用机型
直流电动机	启动性能好，可以实现无级平滑调速，且调速范围广、精度高	要求在大范围内平滑调速和需要准确的位置控制的生产机械	高精度的数控机床、龙门刨床、可逆轧钢机、造纸机、矿井卷扬机等	他励直流电动机或并励直流电动机
		要求启动转矩大、机械特性较软的生产机械	电车、重型起重机等	串励直流电动机

随着技术的发展，各种电动机的应用范围也在逐渐扩大，如变频调速技术的发展，使三相笼型异步电动机越来越多地应用在要求无级调速的生产机械上；使用晶闸管串级调速，可扩展绕线转子异步电动机的应用范围，如水泵、风机的节能调速；近年来，在大功率的生产机械上，还广泛采用晶闸管励磁的直流发电机—电动机组或晶闸管—直流电动机组。

5. 电动机形式的选择

原则上，电动机与生产机械的工作方式应该一致，在连续工作制、短期工作制、周期性断续工作制三种方式中选取，但也可用连续工作制的电动机进行代替。

电动机按其安装方式不同，可分为卧式和立式两种。由于立式电动机的价格较贵，所以一般情况下应选用卧式电动机。只有当需要简化传动装置时，如深井水泵和钻床等，才使用立式电动机。

电动机按轴伸个数分为单轴伸和双轴伸两种。一般情况下，选用单轴伸电动机；特殊情况下才选用双轴伸电动机。如需要一边安装测速发电机，另一边需要拖动生产机械时，则应选用双轴伸电动机。

电动机按防护形式分为开启式、防护式、封闭式和防爆式四种。为了防止周围的媒介对电动机的损坏以及电动机本身故障而引起危害，电动机必须根据不同环境选择适当的防护形式。

开启式电动机散热好，价格便宜，但灰尘、铁屑、水滴及油垢等容易进入电动机内部，影电动机的正常工作和寿命，因此，电动机只能在干燥、清洁的环境中使用。

防护式电动机的通风孔在机壳的下部，通风冷却条件较好，能防止水滴、铁屑等杂质落入电动机内部，但不能防止潮气和灰尘进入，因此只能用于比较干燥、灰尘不多、无腐蚀性气体和爆炸性气体的环境。

封闭式电动机分为自冷式、他冷式和密闭式三种。前两种用于潮湿、尘土多，易引起火灾和易受风雨侵蚀的环境中，如纺织厂、水泥厂等。密闭式电动机则用于浸入水中的机械，如潜水泵电动机。

防爆式电动机主要用于有易燃、易爆气体的危险环境中，如煤气站、油库及矿井等场所。

总之，选择电动机时，应从额定功率、额定电压、额定转速、种类和形式几方面综合考虑，做到既经济又合理。

三、知识测评

（一）选择题

1. 利用（　　）按一定时间间隔来控制电动机的工作状态称为时间控制原则。

A. 电流继电器　　B. 时间继电器　　C. 行程开关　　D. 速度继电器

2. 根据电动机主回路电流的大小，利用（　　）来控制电动机工作的原则称为电流控制原则。

A. 电流继电器　　B. 时间继电器　　C. 行程开关　　D. 速度继电器

3. 在潮湿、尘土多、有腐蚀性气体、易引起火灾和易受风雨侵蚀的环境中，应选用（　　）。

A. 防护式电动机　　B. 开启式电动机

C. 封闭式电动机　　D. 防爆式电动机

（二）填空题

1. 对电动机控制的一般原则有以下几种：________控制原则、________控制原则和________控制原则。

2. 电动机在运行的过程中，常用的保护措施有________保护、________保护、________保护、________保护、________保护、________保护和________保护。

3. 电动机按防护形式，可分为分________、________、________和________四种。

（三）简答题

1. 对电动机控制的一般原则有哪几种？简述它们的内容。

2. 按照时间控制原则设计控制线路，具体要求如下：按下启动按钮后，接触器 KM1 通电，经 10 s 后，接触器 KM2 通电，再经 5 s 后，KM2 断电释放，同时 KM3 再经 15 s 后，KM1、KM2、KM3 均断电。

3. 在生产机械的电气控制线路中，对电动机常采用哪几种保护措施？各由什么电器来实现？

4. 连续工作制电动机的负载分为哪两类？在这两类负载下，如何选择电动机的额定功率？

任务十二　设计电气控制线路

一、任务目标

（一）知识目标

掌握电气控制线路设计的基本原则、经验设计方法及应注意的问题。

（二）技能目标

根据电气控制的基本原则设计所需要的控制线路。

（三）素养目标

1. 培养学生自主学习能力、观察能力、团队合作能力、专业技术交流的表达能力。
2. 具备文明生产、安全操作意识。
3. 培养学生良好的职业习惯、培养学生严谨踏实的工作作风。
4. 培养学生良好的职业道德和团队合作精神，以及熟练的职业技能、较强的创新意识。

二、相关知识

在工业生产中，所用的机械设备种类繁多，对电动机提出的控制要求各不相同，从而构成的电气控制线路也不一样。那么，如何根据生产机械的控制要求来正确合理地设计电气控制线路呢？本任务将做简单介绍。

（一）设计电气控制线路的基本原则

由于电气控制线路是为整个机械设备和工艺过程服务的，所以在设计前要深入现场收集相关资料，进行必要的调查研究。设计电气控制线路应遵循以下几个基本原则：

1. 应最大限度地满足机械设备对电气控制线路的控制和保护要求。
2. 在满足生产工艺要求的前提下，应力求使控制线路经济、简单、合理。
3. 保证控制的安全性、可靠性。
4. 操作、维修方便。

（二）设计电气控制线路举例

电气控制线路的设计方法通常有两种：一种是经验设计法，另一种是逻辑设计法。

经验设计法是根据生产工艺要求，选择适当的基本控制线路，再把它们综合地组合在一起。这种设计方法比较简单，在设计过程中要经过多次反复修改、完善，才能使线路符合设计要求。

逻辑设计法是根据生产工艺要求，利用逻辑代数来分析、设计线路。这种设计方法设计出来的线路比较合理，但是掌握这种方法的难度比较大，多用于要完成较复杂生产工艺要的控制线路。

下面用经验设计法来设计电气控制电路。

现用专用机床给一个箱体加工两侧平面。加工方法是将箱体夹紧在可前后移动的滑台上，两侧平面用左右动力头铣削加工。要求如下：

（1）加工前，滑台应快速移动到加工位置，再改为慢速进给。快进速度为慢进速度的20倍，滑台速度的改变是由齿轮变速机构和电磁铁来实现的，即电磁铁吸合时为快速，电磁铁释放时为慢速。

（2）滑台从快速移动到慢速进给应自动变换，铣削完毕要自动停车，然后由人工操作滑台快速退回原位后自动停车。

（3）具有过载、短路、失压及欠压保护。

这个专用机床共有三台笼型异步电动机，滑台电动机 M1 功率为 1.1 kW，需要正反转；两台动力头电动机 M2 和 M3 功率为 4.5 kW，只需单向运转。试设计该机床的电气控制线路。

1. 选择基本控制线路

根据滑台电动机 M1 需要正反转，左右动力头电动机 M2、M3 只需要单向运转的控制要求，选择接触器联锁正反转控制线路和自锁正转控制线路，并将二者有机地组合起来，设计画出控制线路草图，如图 2-12-1 所示。

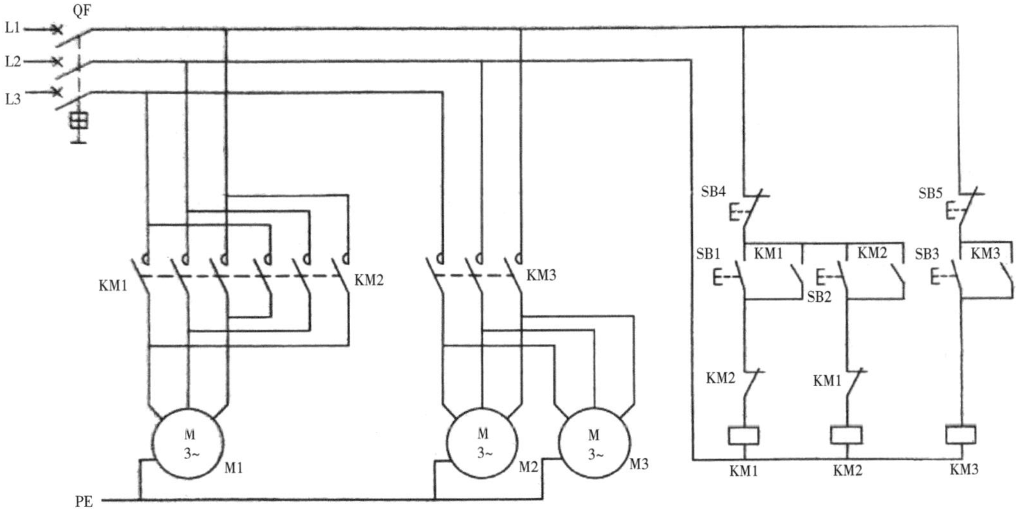

图 2-12-1　电气控制线路草图

2. 修改完善线路

修改完善后的控制线路如图 2-12-2 所示。

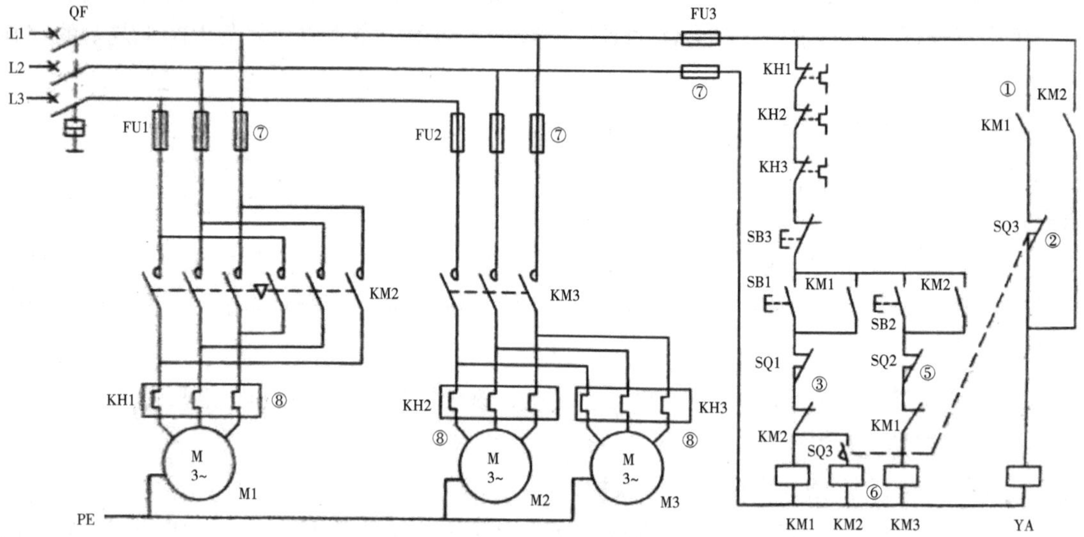

图 2-12-2 修改完善后的控制线路

说明如下：

（1）根据加工前滑台应快速移到加工位置，且电磁铁吸合时为快进，说明 KM1 得电时，电磁铁 YA 应得电吸合，故应在电磁铁 YA 线圈回路中串入 KM1 的常开辅助触头，如①。

（2）滑台由快速移动自动变换为慢速进给，所以在 YA 线圈回路中串联行程开关 SQ3 的常闭触头，如图中②。

（3）滑台慢速进给终止（切削完毕）应自动停车，所以应在接触器 KM1 控制回路中串联行程开关 SQ1 的常闭触头，如图中③。

（4）人工操作滑台快速退回，故在 KM1 常开辅助触头和 SQ3 常闭触头电路的两端并联 KM2 辅助常开触头，如图中④。

（5）滑台快速返回到原位后自动停车，所以应在接触器 KM2 控制回路中串联行程开关 SQ2 的常闭触头，如图中⑤。

（6）由于动力头电动机 M2、M3 随滑台电动机 M1 的慢速工作而工作，所以可把 KM3 的线圈串联 SQ3 常开触头后与 KM1 线圈并联，如图中⑥。

（7）线路需要短路、过载、欠压和失压保护，所以在线路中接入低压熔断器 FU1、FU2、FU3 和热继电器 KH1、KH2、KH3，如图中⑦和⑧。

3. 校核完成线路

控制线路初步设计完成后，可能还有不合理、不可靠、不安全的地方，应当根据经验和控制要求对线路进行认真仔细校核，以保证线路的正确性和实用性。如上述线路中，由于电磁铁电感大，会产生大的冲击电流，有可能引起线路工作不可靠，故选择中间继电器以组成电磁铁的控制回路，如图 2-12-3 所示。

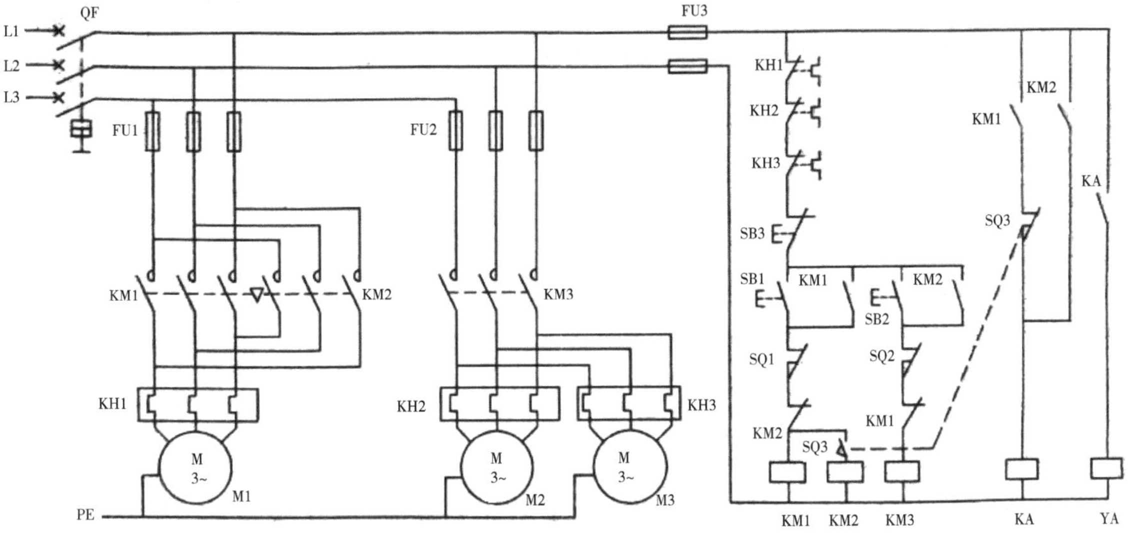

图 2-12-3　完成的控制线路

（三）设计电气控制线路应注意的问题

用经验设计法设计线路时，除应牢固掌握各种基本控制线路的构成和原理外，还应注意了解机械设备的控制要求以及设计、使用和维修人员在长期实践中总结出的经验，这对于安全、可靠、经济、合理地设计控制线路是十分重要的，这些经验概括起来有几点：

1. 尽量缩减电器的数量，采用标准件并尽可能选用相同型号的电器

设计线路时，应减少不必要的触头以简化线路，提高线路的可靠性。例如，把图 2-12-4（a）（多一个触头）所示线路改接成图 2-12-4（b）（少一个触头）所示线路，就可以减少一个触头。

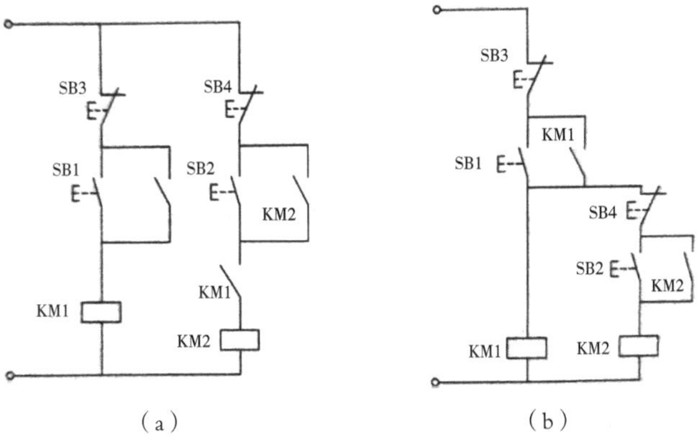

图 2-12-4　简化线路可减少触头

2. 尽量缩短连接导线的数量和长度

设计线路时，应考虑到各电器元件之间的实际接线，特别要注意电气柜、操作台和行程开关之间的连接线。例如，图 2-12-5（a）所示的接线就不合理，因为按钮通常是安装在操作台上的，而接触器则安装在电气柜内，所以若按此线路安装时，由电气柜内引出的连接线势必要

两次引接到操作台上的按钮处。合理的接法应当是把启动按钮和停止按钮直接连接，而不经过接触器线圈，如图 2-12-5（b）所示，这样就减少了一次引出线。

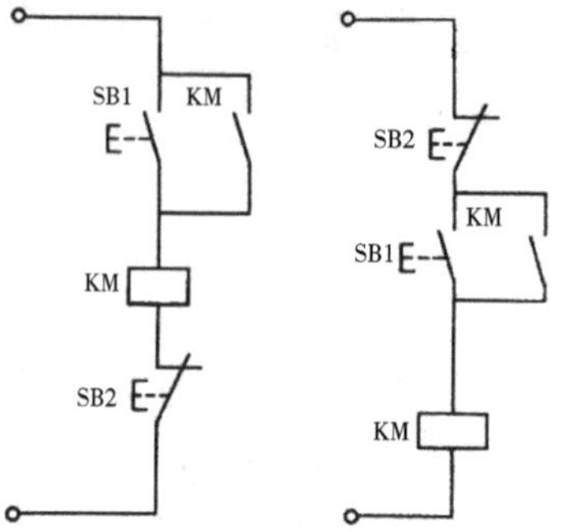

（a）不合理　　（b）合理

图 2-12-5　减少各电器元件间的实际接线

3. 正确连接电器的线圈

在交流控制电路的一条支路中不能串联两个电器的线圈，如图 2-12-6 所示。即使外加电压是两个线圈额定电压之和，也是不允许的。因为每个线圈上所分配到的电压与线圈阻抗成正比。两个电器需要同时动作时，其线圈应该并联。

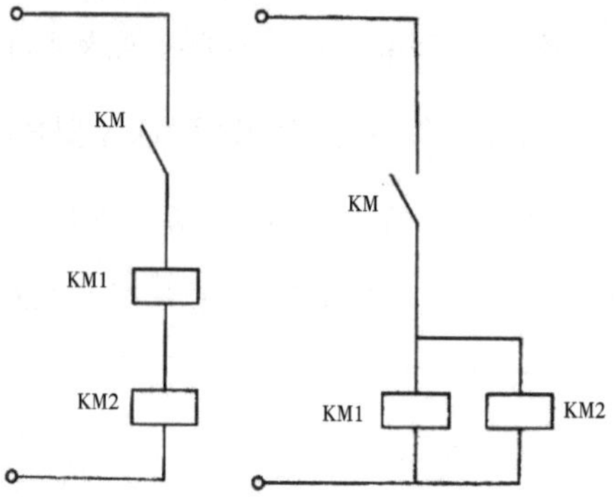

（a）不能串联　　（b）只能并联

图 2-12-6　电器线圈不能串联

4. 正确连接电器的触头

同一个电器的常开辅助触头和常闭辅助触头靠得很近，如果连接不当，将会造成线路工作不正常。如图 2-12-7（a）所示接线，行程开关 SQ 的常开触头和常闭触头由于不是等电位的，当触头断开产生电弧时，很可能在两对触头间形成飞弧而造成电源断路。因此，在一般情况下，对于共用同一电源的所有接触器、继电器以及执行电器，将线圈的一端均接在电源的一侧，控制触头接在电源的另一侧，如图 2-12-7（b）所示。

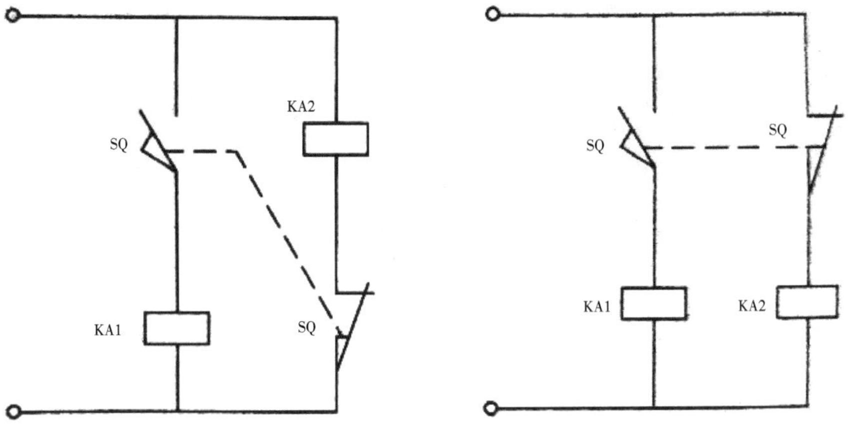

（a）不适当　　（b）适当

图 2-12-7 正确连接元器件的触头

5. 在满足控制要求的情况下，应尽量减少通电电器的数量

现以三相笼型异步电动机串联电阻降压启动的控制线路为例进行分析。在图 2-12-8（a）所示电路中，电动机启动后，接触器 KM1 和时间继电器 KT 就失去了作用，但仍然需要长期通电，从而使能耗增加，电器寿命缩短。而采用图 2-12-8（b）所示线路，就可以在电动机启动后切断 KM1 和 KT 的电源，既节约了电能，又延长了电器的使用寿命。

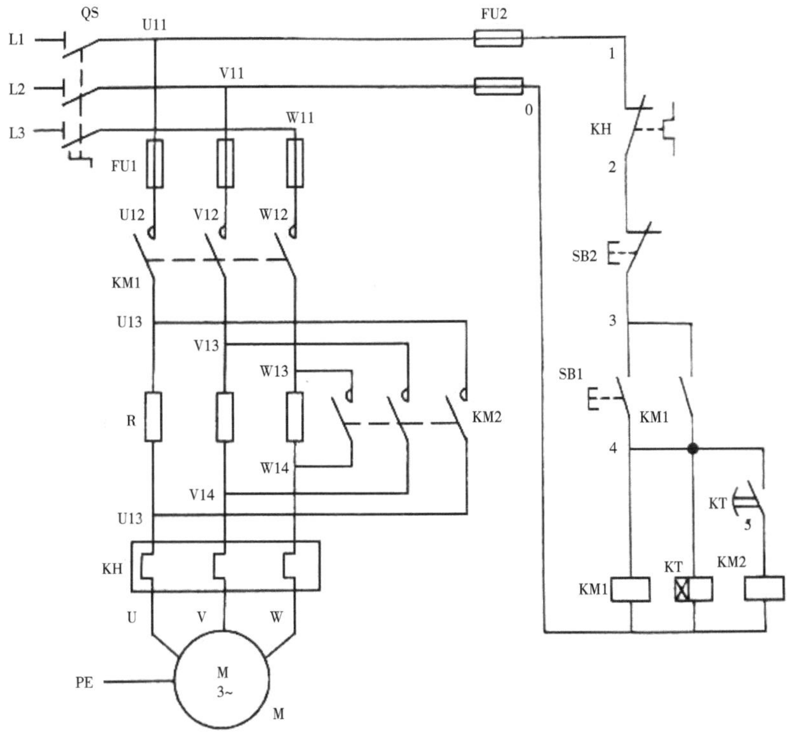

（a）

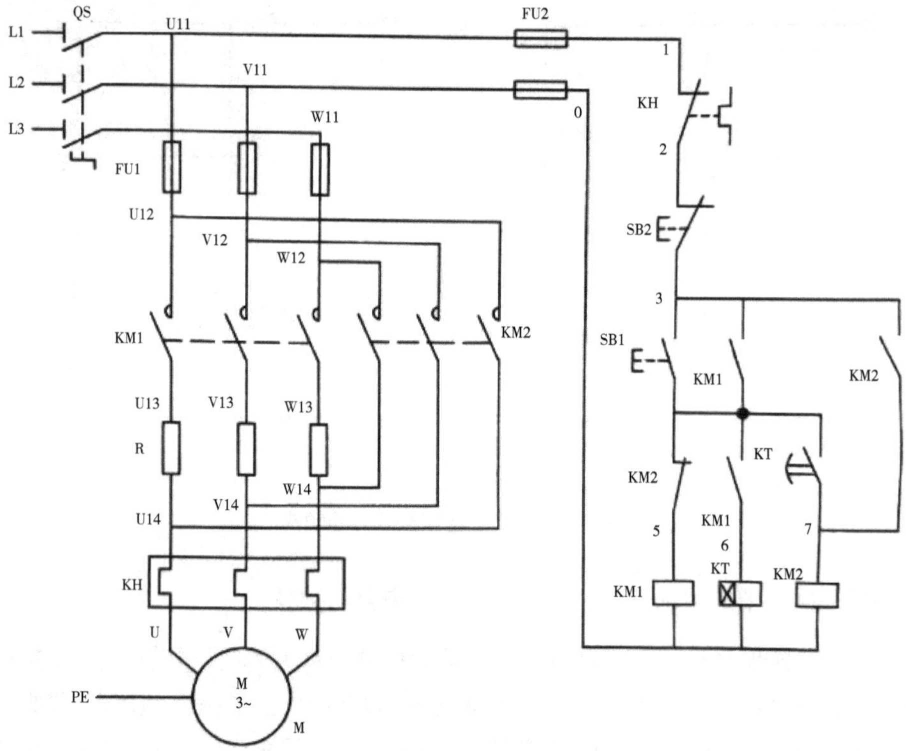

（b）

图 2–12–8　尽量减少通电电器数量

6. 应尽量避免采用许多电器依次动作才能接通另一个电器的控制线路

在图 2–12–9（a）、（b）所示线路中，中间继电器 KA1 得电动作后，KA2 才动作，而后 KA3 才能得电动作。KA3 的得电动作要通过 KA1 和 KA2 两个电器的动作。若接成图 2–12–9（c）所示线路，KA3 的动作只需 KA1 动作，而且只需经过一对触头，工作更为可靠。

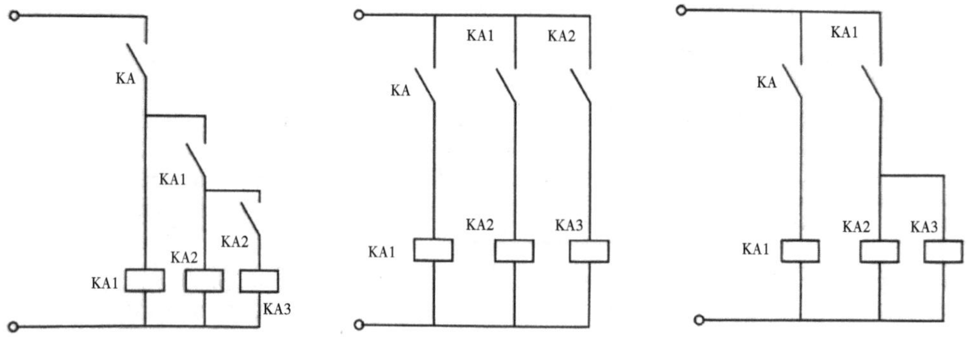

（a）不适当　　（b）不适当　　（c）适当

图 2–12–9　触头的合理使用

7. 在控制线路中应避免出现寄生回路

在控制线路的动作过程中，非正常接通的线路称为寄生回路。寄生回路会破坏电器元件和控制线路的动作顺序，在设计线路时要避免。图 2–12–10 所示线路是一个具有指示灯和过载保护的正反转控制线路。在正常工作时，能完成正反转启动、停止和信号指示。但当热继电器 KH 动作时，线路就出现了寄生回路。这时虽然 KH 的常闭触头已断开，由于存在寄生回路，仍有电流沿图 2–12–10 中虚线所示的路径流过 KM1 线圈，使正转接触器 KM1 不能可靠释放，可能起不到过载保护的作用。

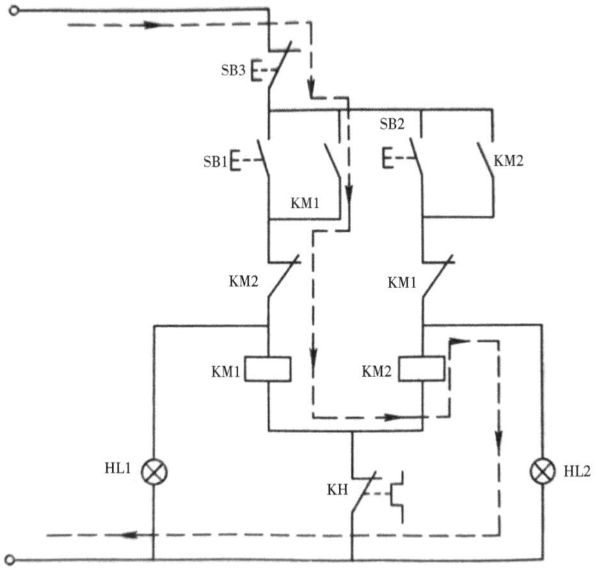

图 2–12–10　寄生回路

8. 保证控制线路工作可靠和安全

保证控制线路工作可靠，最主要的是选用可靠的电器元件，尽量选用机械寿命和电气寿命长、结构合理、动作可靠、抗干扰性能好的电器。在线路中采用小容量继电器的触头断开和接通大容量接触器的线圈时，要计算继电器触头断开和接通容量是否足够。若不够，必须加大继电器容量或增加中间继电器，否则工作不可靠。

9. 线路应具有必要的保护环节

线路应具有必要的保护环节，保证即使在误操作情况下也不致造成事故。一般应根据线路的需要选用过载、短路、过流、过压、失压、弱磁等保护环节，必要时还应考虑设置合闸、断开、事故、安全等指示信号。

三、任务实训

电气控制线路的设计、安装和测试

（一）工具、仪表及器材

参照表 2–12–1 选配工具、仪表和器材，并进行质量检验。

表 2-12-1　工具、仪表及器材

<table>
<tr><th rowspan="2">工具</th><th rowspan="2">仪表</th><th colspan="5">器材</th></tr>
<tr><th>代号</th><th>名称</th><th>型号</th><th>规格</th><th>数量</th></tr>
<tr><td rowspan="19">测电笔、螺钉旋具、钢丝钳、尖嘴钳、斜口钳、电工刀等电工常用工具</td><td rowspan="19">ZC25-3 型兆欧表（500 V、0~500 MΩ）、MG3-1 型钳形电流表、MF47 型万用表</td><td>M1、M2</td><td>三相笼型异步电动机</td><td>Y132M -6</td><td>4 kW、380 V、△形接法、9.4 A、960 r/min</td><td>2</td></tr>
<tr><td>QF</td><td>低压断路器</td><td>DZ5-20/330</td><td>3 极、380 V、额定电流 20 A</td><td>1</td></tr>
<tr><td>FU1</td><td>螺旋式熔断器</td><td>RL1-60/30</td><td>500 V、60 A、配熔体 30 A</td><td>3</td></tr>
<tr><td>FU2</td><td>螺旋式熔断器</td><td>RL1-60/20</td><td>500 V、60 A、配熔体 20 A</td><td>2</td></tr>
<tr><td>KM1~KM3</td><td>交流接触器</td><td>CJ10-20</td><td>20 A、线圈电压 380 V</td><td>3</td></tr>
<tr><td>KH1、KH2</td><td>热继电器</td><td>JR16-20/3 或 JRS2-25/Z</td><td>3 极、20 A、热元件 11 A、整定电流 9.4 A</td><td>2</td></tr>
<tr><td>KA</td><td>中间继电器</td><td>JZ7-44</td><td>触头额定电流 5 A、线圈电压 380 V</td><td>1</td></tr>
<tr><td>KT</td><td>时间继电器</td><td>JS20</td><td>—</td><td>1</td></tr>
<tr><td>SB1~SB5</td><td>按钮</td><td>LA18</td><td>—</td><td></td></tr>
<tr><td>XT</td><td>端子板</td><td>TD-1515</td><td>15 A、15 节、660 V</td><td>1</td></tr>
<tr><td>—</td><td>控制板</td><td>—</td><td>600 mm × 500 mm × 20 mm</td><td>1</td></tr>
<tr><td>—</td><td>走线槽</td><td>—</td><td>18 mm × 25 mm</td><td>若干</td></tr>
<tr><td>—</td><td>主电路线</td><td>—</td><td>BVR 2.5 mm²（黑色）</td><td>若干</td></tr>
<tr><td>—</td><td>控制电路线</td><td>—</td><td>BVR 1.5 mm²（红色）</td><td>若干</td></tr>
<tr><td>—</td><td>按钮线</td><td>—</td><td>BVR 0.75 mm²（红色）</td><td>若干</td></tr>
<tr><td>—</td><td>接地线</td><td>—</td><td>BVR 1.5 mm²（黄绿双色）</td><td>若干</td></tr>
<tr><td>—</td><td>编码套管和紧固体</td><td>—</td><td>—</td><td>若干</td></tr>
</table>

（二）实训过程

1. 设计电气控制线路

设计任务要求是：某机床需要两台电动机拖动，该机床的一台电动机 M1 需要正反转控制，而另一台电动机 M2 只需单向控制，并且要求电动机启动 3 min 后另一台电动机 M2 才能启动；停车时逆序停止；两台电动机都具有短路过载保护、失压保护和欠压保护（电动机 M1、M2 为：Y132M-6，4 kW、380 V、△形接法、9.4 A、960 r/min）。试设计符合要求的电气控制线路。参考线路如图 2-12-11 所示。

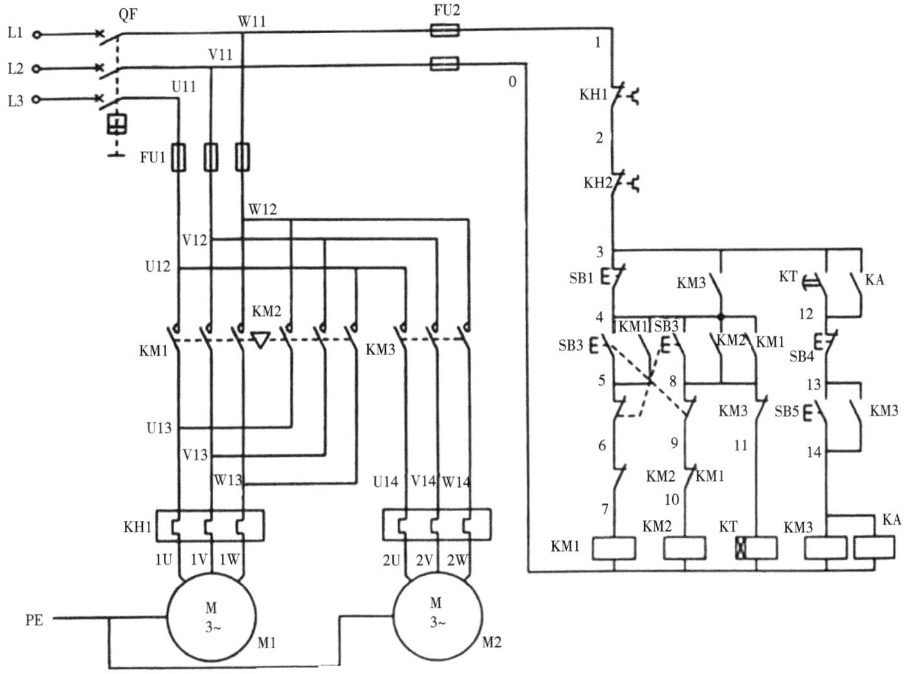

图 2-12-11　参考控制线路

2. 安装和调试电气控制线路

自编安装步骤，并熟悉其工艺要求，经教师审查无误后，开始安装和调试训练。

四、任务评价

评分标准见表 2-12-2。

表 2-12-2　评分标准

考核项目	考核内容	配分	得分
电路设计	主电路、控制电路设计	15 分	
	主要器材清单	15 分	
	主要器材选择		
	型号规格选择正确		
	电路图绘制标准	5 分	
装前检查	电器元件检查	5 分	
安装元件	按布置图安装	10 分	
	元件安装牢固		
	元件安装整齐、匀称、合理		
	走线槽安装符合要求		
	未损坏元件		

续表

<table>
<tr><th>考核项目</th><th colspan="5">考核内容</th><th>配分</th><th>得分</th></tr>
<tr><td rowspan="6">布线</td><td colspan="5">按电路图接线</td><td rowspan="6">20 分</td><td rowspan="6"></td></tr>
<tr><td colspan="5">布线符合要求</td></tr>
<tr><td colspan="5">接点无松动、无露铜过长、未压绝缘层等</td></tr>
<tr><td colspan="5">未损伤导线绝缘层或线芯</td></tr>
<tr><td colspan="5">编码套管安装正确</td></tr>
<tr><td colspan="5">接地线安装正确</td></tr>
<tr><td rowspan="5">通电试车</td><td colspan="5">时间继电器及热继电器整定正确</td><td rowspan="5">20 分</td><td rowspan="5"></td></tr>
<tr><td colspan="5">熔体规格选用恰当</td></tr>
<tr><td colspan="5">第一次试车成功</td></tr>
<tr><td colspan="5">第二次试车成功</td></tr>
<tr><td colspan="5">第三次试车成功</td></tr>
<tr><td>安全文明生产</td><td colspan="5">严格遵守安全文明生产规程，操作规范，遵守纪律</td><td>5 分</td><td></td></tr>
<tr><td>团队合作</td><td colspan="5">团队协作好，工作整洁规范</td><td>5 分</td><td></td></tr>
<tr><td>开始时间</td><td></td><td>结束时间</td><td></td><td>实际时间</td><td></td><td>成绩</td><td></td></tr>
</table>

五、知识测评

1. 设计电气控制线路应遵循的基本原则是什么？

2. 设计电气控制线路时应注意哪些问题？

3. 某机床的主轴和润滑油泵分别由两台三相笼型异步电动机来拖动，画出其控制电路图，要求满足以下要求：

（1）油泵电动机启动后主轴电动机才能启动；

（2）主轴电动机能正反转，且能单独停车；

（3）具有短路、过载、欠压及失压保护。

4. 如图 2–12–12 所示，要求按下启动按钮后能依次完成下列动作：

（1）运动部件 A 从 1 到 2；

（2）接着 B 从 3 到 4；

（3）接着 A 从 2 回到 1；

（4）接着 B 从 4 回到 3。

画出控制电路图。提示：用四个行程开关装在原位和终点上。

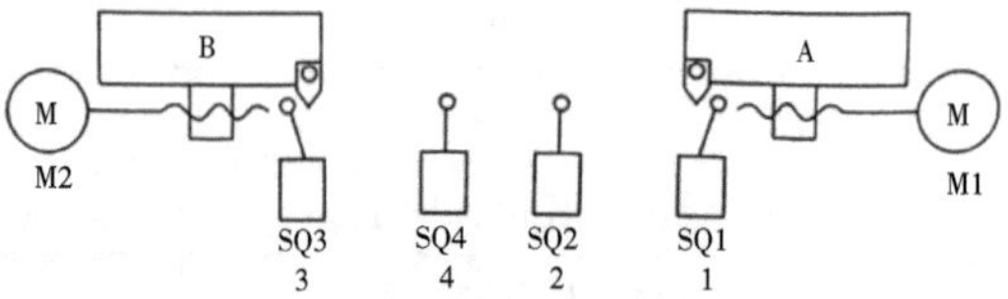

图 2–12–12　布置图

5. 如在上题中完成上述动作后能自动循环工作，试画出控制电路。

6. 现要求三台三相笼型异步电动机 M1、M2、M3 按下列顺序依次启动：M1 启动后，M2 才启动；M2 启动后，M3 才能启动，并要求同时停止，画出电路图。

7. 按下述要求画出某三相笼型异步电动机的电路图。

（1）既能点动又能连续运转；

（2）停止时采用反接制动；

（3）能在两处启、停。

参考文献

[1] 李敬梅. 电力拖动控制线路与技能训练（第六版）习题册 [M]. 北京：中国劳动社会保障出版社，2020.

[2] 李敬梅. 电力拖动控制线路与技能训练（第五版）习题册 [M]. 北京：中国劳动社会保障出版社，2014.

[3] 田淑珍. 工厂电气控制设备及技能训练 [M]. 北京：机械工业出版社，2020.

[4] 赵淑芝. 电力拖动与自动控制线路技能训练 [M]. 北京：高等教育出版社，2012.

[5] 人力和社会保障部教材办公室. 电气控制线路安装与检修 [M]. 北京：中国劳动社会保障出版社，2020.

[6] 王蜀明，杨林建，李松岭. 电气控制与 PLC 技术：三菱 [M]. 北京：北京理工大学出版社，2021.

[7] 程鹏，李静. 电机与电气控制技术及分析方法研究 [M]. 长春：吉林大学出版社，2014.

[8] 刘志坚，陈金刚. 低压交流断路器的选择与应用 [J]. 防爆电机，2019，54（5）：35-37.

[9] 李伟，熊新国. 机床电气控制技术 [M]. 北京：机械工业出版社，2010.

[10] 林嵩. 维修电工. 技能实训与应试指导 [M]. 北京：中国电力出版社，2008.

[11] 吴晓平. 中职电工电子专业异步电动机正反转控制的安装与调试的教学特色分析 [J]. 职业，2014（32）：108-109.

[12] 李丽. 电动机的选择 [J]. 电工文摘，2010（4）：26-28.

[13] 宋保林，刘向东. 设计机床控制电路应注意的问题 [J]. 机床电器，2008，35（4）：50-51.

[14] 吴小龙，薛维斌. XJ01 新型自耦降压柜的设计 [J]. 电子制作，2022，30（16）：64-66.

[15] 唐婷. 电机与电气控制 [M]. 北京：北京邮电大学出版社，2014.

[16] 宋保林. 电动机控制线路的设计 [J]. 电气时代，2006（9）：96-100.

[17] 赵伟英. 选择的要素分析——继电器控制系统的设计之一 [J]. 知识窗，2011（10X）：74-75.

[18] 栗伟. 三相笼型异步电动机的自锁正转控制线路教学探讨 [J]. 科技风，2021（2）：49-50.

[19] 金从旺. 浅谈机床电气控制线路的检修 [J]. 职业，2013（12）：65.

[20] 武忠. 接触器联锁正反转控制线路的教学改革 [J]. 职业，2011（36）：128.

[21] 梁卡仔. 启发式教学在电力拖动一体化教学中的应用 [J]. 中国科技信息，2011（15）：196.

[22] 侯锐. 电力拖动控制线路在煤炭工业中的应用分析 [J]. 煤炭技术，2011（11）：59-61.
[23] 王兆晶. 维修电工（中级）鉴定培训教材 [M]. 北京：机械工业出版社，2011.
[24] 叶仙儒. 浅谈电气控制线路的经验设计法的探讨 [J]. 中国新通信，2015，17（18）：103-104.
[25] 徐秀美. 基于现代控制技术的电机综合实训系统的研究和开发 [D]. 济南：山东大学，2007.
[26] 李博，李茜. 关于以就业为导向的中职维修电工专业一体化教学的研究 [J]. 新教育时代电子杂志（教师版），2017（40）：267-268.
[27] 秦贞龙. 浅谈电动机的选用 [J]. 电气开关，2010（3）：80-81，84.
[28] 王才成. 任务驱动教法在控制线路设计中的应用 [J]. 科技信息，2009（18）：175，177.
[29] 郑昕. 电气控制专业实训课程模拟实验台的设计及应用 [D]. 天津：天津大学，2011.
[30] 万英. 维修电工考证速成教程：中级 [M]. 北京：中国电力出版社，2016.
[31] 熊幸明. 工厂电气控制技术 [M]. 2 版. 北京：清华大学出版社，2009.
[32] 董春利. 三相异步电动机控制线路的安装与检修 [J]. 实验技术与管理，2007，24（4）：45-47.
[33] 陈惠荣. 常用电器的安装与维修 [M]. 北京：化学工业出版社，2006.